境外融資2

OVERSEAS FINANCING

20家企業上市路徑解讀

高健智／著

推薦序

　　盱衡當前國際經貿投資環境存在一些動盪因素與現象，為新興國家經濟發展中的隱憂。國際上，區域經濟的發展與貿易保護主義的再度興起，造成國際市場競爭激烈與全球經濟復甦趨緩。而另一方面，通訊網路技術日新月異及金融自由化，緊密整合國際金融市場，加速推動金融國際化的浪潮。許多新興國家逐步放寬資本管制，亦促成跨國資金移動自由度大幅提升。

　　近年來，中國資本市場伴隨著經濟改革的過程，整體運作機制已邁向成熟，市場架構也逐漸完備。不僅資本市場之交易與監管體制，皆已直逼先進國家的水平，實際上，也深受國際資金的重視。然而，資本主義國家的資本市場對於社會主義經濟體的中國企業家而言，難免心存疑慮。有鑑於此，在邁入國際資本市場的過程中，企業家們希冀廣泛吸取國際企業境外融資之豐富經驗，藉以洞悉國際資本市場所涵蓋的面向與操作規則。

　　本書主要內容除闡述國際主要資本市場，含括香港、美國、

澳洲、英國、德國、日本、韓國及新加坡等證券交易所之市場運作內涵與實務外,並詳盡介紹有關中國二十家大企業在境外上市融資之心路歷程與寶貴實戰經驗。這些企業在經歷資本市場風雨之洗禮後,不僅境外融資成果豐碩,也贏得國際資本市場與全球投資者之認可,以及未來更大的發展空間。

鑑於各國政府將持續推動金融自由化與國際化,國際市場資金移動亦將益加頻繁,因此境外融資已成為企業家們關注之重點,尤其中國企業境外上市在數量及融資規模正值快速增長趨勢,而現階段中國資本市場進入審核機制則仍屬嚴謹。

本書整體論述體現國際主要資本市場操作內涵及中國企業上市路徑軌跡,可作為企業從事境外融資工作鑑往知來,規劃新猷之參考。

值此《境外融資2》付梓之際,特為之序。

吳再益 謹識 2018 年 9 月
財團法人台灣綜合研究院院長

序

◆ 外面的世界很精彩

在中國，大多數本土企業家對於海外資本市場還不夠瞭解，這是造成中國 A 股市場 IPO 集結排隊、本益比偏高的重要原因。經過多年的探索與實踐，海外上市路徑已經基本成熟，剩下的，就是「走出去」的眼光和選擇的勇氣。

既然以「資本」為名，似乎就與資本主義有關，更何況是資本主義國家（或地區）的資本市場。這曾經讓那些以「社會主義經濟體」自居的中國企業家心存疑慮。

中國企業當中第一個走出國門、赴海外上市的是華晨汽車。1992 年 10 月，華晨在美國紐約證券交易所掛牌，募得資金 7 千 2 百萬美元，股價在發行當日逆勢上漲 25%，一個月內從 16 美元漲到 33 美元。由此看來，美國的資本市場對中國企業還是很歡迎的，這是華晨成功赴美上市給中國企業的啟示。

第一個敢於冒險嘗試的人，的確需要些勇氣。1990 年，草根出身的掌門人仰融初掌華晨汽車公司時，面臨著併購後的財務困境。而上海股票交易所在 1990 年年底才成立，最初上市的企業數量也只有個位數（所謂「老八股」[1]），在上海證券交易所上市的機會太小。仰融到美國考察之後，發現那裡的資本市場很開放，各國企業都可以去掛牌，全球 50% 的證券交易是在紐約證券交易所完成的，於是他便動了去試試的念頭。加上 1992 年鄧小平南巡講話，指出「證券、股市，要堅決地試」，這基本打消了企業家們的顧慮。

華晨赴美上市的過程中，為滿足美國證券交易委員會（SEC）的要求，要解決一系列問題。例如，透過換股實現對主要資產控股 50% 以上，以及讓上市主體在境外（英屬百慕達群島）註冊、實行境外造殼上市等，這些操作可謂精彩，給後來者留下了不少啟示。

華晨成功在美上市之後，中國企業海外上市現象勢如潮湧。在當時的環境下，還是以國有企業為主，如青島啤酒等多家製造業企業在香港上市。「紅籌股」[2] 現象就是在那時出現的，香港、新加坡、美國等國家與地區於是興起了一股「中國概念」熱。「紅籌股」的興盛鼓勵了那些註冊在中國大陸的大型 H 股，如華能電力國際、中國東航、南方航空、大唐發電等，在香港完成發行之後，又轉而赴美，以 ADR[3] 方式或在 OTC[4] 市場掛牌，進一步提升了「中國概念股」在美國市場的地位。

國有企業的海外上市潮也激勵了民營企業。中國民營企業的海外上市潮在 20 世紀 90 年代末出現，較具代表性的如鷹牌控

股，1999 年在新加坡成為首家海外上市的中國民營企業；僑興環球，1999 年成為第一個在美國那斯達克上市的中國民營企業；裕興電腦，1999 年成為第一家在香港創業板上市的中國民營企業。至此，中國企業在全球主要資本市場的上市路徑基本通暢，上市的主體和掛牌的場所形成了較全面的體系覆蓋。21 世紀之初，以新浪為代表的一批網路股在那斯達克上市，成為民營企業海外上市大潮中比較耀眼的浪花，更讓海外上市的模式深入每一個中國企業家的心。

　　據統計，2016 年全年共有 118 家中國企業到海（境）外[5]上市。其中 108 家是在香港實現 IPO，共募集資金 1,553.22 億元；另有 10 家企業分別在美國那斯達克（5 家）、紐約證券交易所（3家）、澳洲（1 家）與新加坡證券交易所（1 家）實現 IPO，共募集資金 149.36 億元。境外 IPO 總數 118 家，募集資金總額1,702.58 億元；同期中國 A 股有 227 家企業實現 IPO，募集資金

1　上海「老八股」指 1990 年左右最早在上海證券交易所上市交易的八檔股票，
　　包括：申華電工、飛樂股份、豫園商城、真空電子、浙江鳳凰、飛樂音響、愛
　　使股份、延中實業。
2　紅籌股，指公司在境外註冊、在海外上市，但主業在中國的股票。
3　ADR，American Depositary Receipts（美國存託憑證）是針對美國投資者發
　　行並在美國證券市場交易的存託憑證。
4　OTC（Over The Counter，場外交易市場），又稱櫃檯交易市場，指在證券交
　　易所以外的市場所進行的股權交易。
5　本書中提到的境外上市一般指在中國之外的地點，包括香港；海外上市一般指中
　　國版圖以外的地點。但在廣義上，海外上市和境外上市並不嚴格區分。

總額 1,498.26 億元。

截至 2016 年 12 月，2016 年中國企業 IPO 融資總額已經占到了全球的 33.8%，而美國和日本的市場占有率分別為 10.6% 和 8.1%。從單個企業融資規模來看，中國企業也頗具吸引力，中國郵儲銀行（HK 01658）2016 年 9 月在香港上市，淨募資 566 億港元，曾被認為是年內全球最大 IPO，亦是自 2014 年阿里巴巴赴美 IPO（250 億美元）以來世界上最大規模的 IPO；但這一數字後來已經被中通快遞（美股 ZTO.N）和順豐控股（002352）所刷新，前者總市值最高時達到 140 億美元，後者總市值曾經達到 2 千 6 百億美元。

另外，一項統計也能說明海外投資者對來自中國的上市企業的支持度。中國國家外匯管理局 2016 年 3 月 31 日發布的資料顯示，截至 2015 年 9 月末，境外上市的 207 家中國企業境外股票總市值 6,176 億美元，其中境外股東持有 4,911 億美元，占比 79%。

總結起來，海外市場的這些特點是吸引中國企業的魅力所在。

一是相對於在中國 A 股排隊等待 IPO，程序快捷、可控。符合條件的企業在啟動上市進程之後，一般需要一年左右的時間即可實現掛牌，節省時間成本，按預期完成資金募集。

二是如前所述，雖然從 IPO 企業的數量上仍以中國 A 股為主，但從募集資金的規模來看，境外市場來源目前已經是占據優勢。

三是有助於提高在海外的聲譽，擴大對海外市場客戶、使

境外融資 2：
20 家企業上市路徑解讀

用者的影響，尤其是對於互聯網企業而言，以及提升金融信用水準，便於跨境貿易、結算和結算其他金融服務。也有助於提高在中國的聲譽——由於違規成本高昂，企業在資訊披露方面更加嚴以律己。

四是便於未來增發，實現再融資。例如，在香港 H 股上市後，既可在香港聯交所申請增發（審核相對寬鬆），也可選擇在中國 A 股增發。

當然，海外市場（含香港）有其各自的門檻。不同於中國 A 股市場的是，其門檻較高的地方不在於企業的規模和現有的利潤水準上，而更重於資訊披露的真實性、企業的獨立性等方面。由於不同的市場有不同的規矩，這方面的內容以及相應的上市路徑和策略，將在各市場板塊內容和案例中介紹。

也許，不少企業家——不論是已在海外上市、退市的，還是未上市的，對前幾年接連出現的「做空中國概念股」現象心有餘悸。的確曾有一批「中國概念股」被做空機構坐實了把柄，遭曝光和做空之後股價一蹶不振，或者陷入投資者集體訴訟，直至不堪重負而退市。但回過頭來看，風波過後的「中國概念股」企業總體上更加健康，聲譽也快速恢復。

以在美上市的新東方（EDUN）為例，其 2006 年 9 月 7 日在美國紐約證券交易所上市，首日以 22 美元開盤，2012 年遭遇渾水公司（Muudy Waters Research）質疑所影響，股價曾跌至最低 9 美元左右；但之後 5 年來，新東方股價呈現持續升勢，新近最高價位為 59.84 美元（資料按 2017 年 3 月 24 日當日最高價），隨後維持在 58 美元左右。

有趣的是，在 2012 年公司遭遇做空時，對公司價值保持自信的一些新東方股東，借股價下挫的時機抄底買入，反倒成了贏家。

　　換句話說，海外資本市場是一個大浪淘沙的地方，對於上市企業來說，打鐵還得自身硬，有堅實的業績就不用擔心市場門檻和市場監督。

　　從近幾年的趨勢來看，雖然中國內外的經濟景氣指數走低，但中國企業赴海（境）外上市的風頭仍然強勁。其中，赴港 IPO 的企業數量和融資規模自 2012 年至 2015 年呈持續上漲態勢，2016 年略有下降，大致與 2014 年持平；赴海外其他市場 IPO 的企業數量和融資規模，除 2014 年因遠超其他年份，不納入趨勢比較外，2016 年遠超過其他年度。

　　總之，放眼海外資本市場，魅力依然。中國企業家們只要有足夠的眼光和勇氣，就能充分體驗海外資本市場的精彩。

　　最後，我還要特別感謝曾任清華大學五道口金融學院研究員的仇江鴻先生為本書的文稿統籌和內容撰寫做了大量辛苦的工作。同時，我也要感謝北京大學的候志騰先生，在本書的編撰過程中給予的眾多幫助，以及後禾文化在本書策畫出版過程中的專業付出。

高健智

2017 年 7 月於北京

目
錄

推薦序　003

序　005

CHAPTER 1　赴港上市，新機會的展現

香港資本市場　016

綠城服務：最大物業股高市值入選「深港通」　036

瑞慈醫療：民營體檢機構上市助力擴張　050

雅迪控股：搶先上市引領行業洗牌　063

萬洲國際：A+H 成為新的世界 5 百強　074

紅星美凱龍：明修棧道暗度陳倉的 A+H 路線　084

福耀玻璃：A+H 雙贏，衝刺全球老大　096

火岩控股：香港創業板的遊戲行業新秀　112

周黑鴨：從草根品牌到港股明星　124

CHAPTER 2　赴美上市，金融科技股的夢想

美國資本市場　138

銀科控股：創立五年即上市的「獨角獸」　156

百濟神州：創業中的生物科技公司　173

寶尊電商：上市發力「品牌電商」兆元級市場　188

宜人貸：中國互聯網金融第一股　198

CHAPTER 3　赴澳上市，中企海外的首選

澳洲資本市場　214

淘淘谷：市值暴增的奇跡　229

鼎盛鑫：納入標普（澳洲）的中國「信貸工廠」　240

重慶富僑：傳統理療謀新局　254

東方現代農業：上市後市值翻倍增長　264

CHAPTER 4　亞歐股市，各有路徑

亞歐國家資本市場　274

運通網城：獅城上市的電商物流第一股　281

羅思韋爾：重塑中企在韓國市場局面　290

漢和食品：赴英開拓國際市場　298

高睿德：私募基金赴英上市　306

結語

A股大門有多難進　313

CHAPTER 1

赴港上市，
新機會的展現

香港資本市場

....

◆ 一、趨勢和機會

自從 1993 年青島啤酒赴港上市以來，香港資本市場逐漸成為中國企業上市融資的主管道之一，與 A 股市場並立，甚至逐漸持平和超越。伴隨著中國經濟的繁榮，香港的國際金融中心地位得以鞏固。根據湯森路透的資料，2015 年全球赴港 IPO 企業共計募資 250 億美元，高於紐約的 194 億美元。至今香港繼續保持全球 IPO 第一的地位。當前，赴港上市的全球企業中，已經有一半是中國企業。站在全球來看，中國企業赴港上市正在引領著全球跨境 IPO，在 2016 年全球十大跨境 IPO 交易中，有一半是中國企業。

截至 2016 年年底，中國企業赴港上市的總數已經有 1 千 1 百家左右。其中，2016 年當年，共有 108 家中國企業在香港實現 IPO，募集資金 1,553.22 億元。同期雖有 227 家企業在中國 A

股市場實現 IPO，在數量上比赴港上市多了一倍，但募集資金總額只有 1,498.26 億元，略低於香港，平均融資額明顯偏低。由此可見香港資本市場的重要地位。

2011~2016 年中國企業赴港 IPO 規模見下圖。

從近年的趨勢來看，「滬港通」和「深港通」使中國合格投資者可以借助「港股通」進行資產配置，便利了中國資金流入香港，給香港資本市場注入活力。「滬港通」開通於 2014 年 11 月，是上海交易所和香港聯交所之間的互聯互通機制，滬港兩地的合格投資者分別可委託中國證券公司、香港經紀商買賣規定範圍的香港（「港股通」）、上海交易所（「滬股通」）股票。「深港

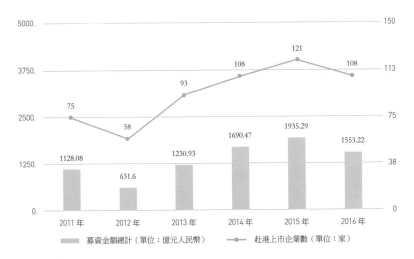

資料來源：CV Source

通」開通於 2016 年 12 月，實現了深圳交易所和香港聯交所之間的互聯互通（「港股通」＋「深股通」）。「港股通」當中符合規定範圍的港股包括恒生綜合大型指數成分股、恒生綜合中型指數成分股和 A＋H 股[1]。

目前，「滬港通」和「深港通」兩個通道的「港股通」的每日額度分別有 105 億元。105 億元這一每日額度大約能占市場當日成交額的 33%。「港股通」規定的投資者門檻限於機構投資者及證券帳戶、資金帳戶餘額合計不低於 50 萬元的個人投資者。其中，公募基金已經明確可以參與。「滬港通」開通之初，曾有過總額度的限制，其中「港股通」的總額度上限為 2 千 5 百億元。而「深港通」則沒有上限設置。並且，在「深港通」開通之際，「滬港通」的總額度上限設置也宣布取消。

與此前已經開通的 QDII 機制（Qualified Domestic Institutional Investors，指符合限定條件的中國機構投資者對外投資）相比，「港股通」的互通程度有極大的提升。QDII 主要為滿足機構投資者的對海（境）外投資需求，限定條件較多。

下圖為「港股通」投資流程圖：

當然，「滬港通」和「深港通」還包含著「滬股通」和「深股通」，即香港的投資者可經由這些通道在中國投資於符合規定範圍的滬股、深股，如上證 180、上證 380 和 A+H 股。

　　「滬港通」和「深港通」意味著在香港和中國之間共通的平臺化的投資機制正在形成。雖然短期內的影響還不是很明顯，但從中長期來看，這一機制無疑是一項制度性的紅利。尤其對於港股來說，投資者結構的改變，將導致港股估值和中國 A 股趨近。當前，除了上證 180 指數企業外，中國大部分上市公司的本益比都遠高於香港恒生指數股。而 A 股至 H 股之間的落差減小的過程就是港股溢價上漲的過程，除了香港、中國地的資金，國際上其他資金也將聞風而動跟著流入，由此進一步推高港股行情。在這一過程中，兩地的券商、交易所和優質標的都將從中受益，中國企業赴港上市的積極性也將因此進一步提高。

　　此外，港股自身的業績成長以及中國經濟環境也都是吸引投資流入的重要原因。按照彭博社的預測，預計 2017 年年末香港恒生指數每股盈利將比 2016 年年末增長超過 80%，每股淨值增長超過 15%，而這種趨勢可能還不止於短期。對於中國的投資者來說，在人民幣貶值預期持續和廣義貨幣數量居高的情況下，投資港股的動力將再增強。

　　香港與中國交易所之間（2017 年 2 月）的本益比（TTM）

---

1 A+H 股份別是 A 股和 H 股的簡稱。A+H 股是既作為 A 股在上海證券交易所或深圳證券交易所上市又作為 H 股香港聯合交易所上市的股票。

水準差異見下圖。

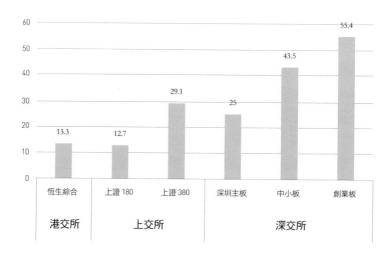

　　「滬港通」和「深港通」雖然是雙向的，香港資金也在流入中國，但從實踐效果來看，這一機制更多的是刺激了中國資金投資於港股，統計數字已經顯現出這一點。例如，「滬港通」開通以來（數字更新到 2017 年 3 月初），經由這一機制流入香港（「港股通」）的資金有 3,570 億元（人民幣），而從香港經由「滬股通」流入中國的有 1,439 億元（人民幣）。並且越往後，反差愈加明顯。例如，2017 年近 6 月的數字分別為 1,116.30 億元（人民幣）和 76.21 億元（人民幣），近 3 月的數字分別為 545.45 億元（人民幣）和 53.13 億元（人民幣）。

從下面的統計圖中可以看出，過去幾年來，「滬股通」流入中國的資金量變化不大，而「港股通」流入香港的資金量卻一直保持增勢。

　　「滬港通」開通以來的雙向資金流量見下圖。

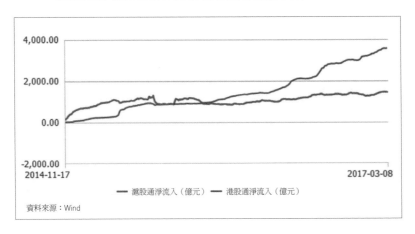

資料來源：Wind

　　香港證券業協會的會員調查也顯示出對港股的信心。在2017年2月針對會員進行的一項調查顯示，53%的受訪者預計港股恒生指數在當年將有5%~20%的升幅；有逾半受訪者預期當年港股的日均成交額可能介於6百億~7百億港元之間。

　　香港資本市場除了主板（聯交所），還有創業板。香港創業板自2008年受創，至今尚處於恢復的過程中，雖然其一度淪為「仙股」（1元以下的低價股）集中地，但已經顯現往好的趨勢發展。香港創業板近幾年的IPO數量總體呈上升之勢，2016年有45支新股在香港創業板上市，募集資金總額45.9億港元，比前幾年有很大變化。尤其第四季，有19支新股掛牌，募集資

金 24.55 億港元，此為 2002 年以來最為密集的季紀錄。香港創業板市場還被一些企業作為跳板，最終向主板市場實現轉板，例如，2013 年 5 月登陸創業板的華章科技（HK 08276），就在 2015 年 1 月成功轉到了香港主板（HK 01673）。

近年來香港創業板的掛牌情況見下圖。

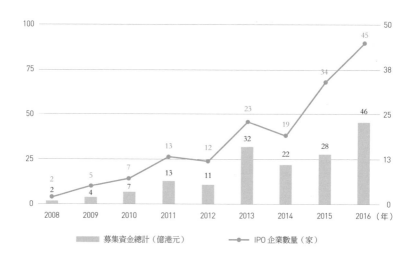

資料來源：根據市場公開資料整理

更有消息顯示[2]，2017 年上半年，香港證券交易所（簡稱港交所）方面正在就推出新板事宜收集市場意見，正在籌畫中的新板主要為一些條件受限的擬赴港上市企業服務。例如：早期創業公司，其他國家有意來上市而該國與香港監管機構尚未簽署諒解備忘錄的公司，已符合主板上市條件但存在同股不同權等情況的公司等。

綜上所述，投資者對於港股的熱情，是看好香港資本市場的良好發展前景。而這些，正是中國企業把赴港上市作為選項的重要理由。

◆ 二、市場門檻

由於香港與中國的經濟環境和資本市場的成熟程度不同，存在許多方面的差異。香港市場實行的是註冊制，在上市資格、流程週期、增發的時間、募集資金額度等方面，其靈活性比 A 股大了不少。註冊制並不等於沒有審核，只不過審核主要是在交易所。

按照香港的模式，交易所擁有發行與上市審核權，即發行與上市合二為一。其審核的重點是看企業是否符合香港聯交所《有限公司證券上市規則》（以下簡稱《上市規則》）和《公司條例》的規定。香港也有證監會，其作用體現在否決權和調查權上，其對上市企業的審查是按《證券及期貨條例》及相關規定進行，主要從資訊披露和公眾利益角度出發。申請上市的企業在透過交易所的審核，並收到香港證監會的「不反對」確認回饋之後，就算是拿到了入場券。

聯交所《上市規則》和《公司條例》的條文非常多，尤其《上

---

2 《香港信報》2017 年 6 月 2 日消息，港交所行政總裁李小加表示，港交所即將推出新板及創業板改革諮詢文件，以及上市架構改革諮詢總結。

市規則》（含主板、創業板）每年都會根據情況進行修訂或發布補充規則（指引文件），只有專業機構才能清楚掌握，但一些基本門檻大致穩定，擬上市企業可先行瞭解。

（一）主板上市規則

參考聯交所主板《上市規則》（最新修訂至 2015 年 4 月），擬赴港上市的中國企業要留意其在市值、盈利水準等方面的要求，例如：

1. 財務要求

若不區分盈利測試方式，綜合來看要滿足以下這些基礎門檻：

（1）針對市值較低的企業，即至少達到 2 億港元，設定了最近年度的盈利水準門檻，如：

· 新申請人最近一年的股東應占盈利不得低於 2 千萬港元；

· 其前兩年累計的股東應占盈利也不得低於 3 千萬港元。

註：以上兩條合併理解，即過去三個財政年度盈利至少 5 千萬港元。

（2）針對市值較高的企業，對最近年度的收入水準、現金流入設定最低門檻，如：

· 上市時市值至少達到 40 億港元且最近一個經審計財政年度的收入至少為 5 億港元；

· 上市時市值至少達 20 億港元，最近一個經審計財政年度的收入至少 5 億港元，且前三個財政年度來自營運業務的現金流入合計至少 1 億港元。

盈利測試是上市審核流程中的關鍵環節之一，其方式分為三

種：①盈利測試；②市值／收入測試；③市值／收入／現金流量
測試）。盈利測試時只要符合其中一種即可，其標準見下表。

	按盈利測試方式	按市值／收入測試方式	按市值／收入／現金流量測試方式
股東應占盈利	過去三個財政年度至少5千萬港元；最近一年盈利至少2千萬港元，及前兩年累計盈利至少3千萬港元	（未明確規定）	（未明確規定）
市值	上市時至少達2億港元	上市時至少達40億港元	上市時至少達20億港元
收入	（未明確規定）	最近一個經審計財政年度至少5億港元	近一個經審計財政年度至少5億港元
現金流量	（未明確規定）	（未明確規定）	前三個財政年度來自營運業務的現金流入合計至少1億港元

資料來源：香港聯交所《上市規則》及其修訂說明

2. 管理層及控股權的連續性

· 至少前三個會計年度的管理層維持不變；

· 至少經審計的最近一個會計年度的擁有權和控制權維持
不變。

3. 公眾持股比例

· 已發行股本必須至少有 25% 由公眾人士持有；

· 若有多於一類股份（例如，A 股），而 H 股預計市值達
5 千萬港元以上，H 股公眾持股比例可減至不少於 15% 由
公眾人士持有；

· 如發行人預期市值逾 1 百億港元，公眾持股比例可降至
15%；

‧股東人數須至少為 3 百人。

4. 適合上市

發行人及其業務必須屬交易所認為適合上市。

註：本條主要是為限定主業類型，如發行人或其集團（投資公司除外）全部或大部分的資產為現金或短期證券，則被視為不適合上市，除非其所主要從事的是證券經紀業務。

與中國市場相比，香港市場對上市公司的主營業務的主體性、業績（利潤和營收）的穩定性、資產的獨立性、資訊披露的真實性與合規性等方面的重視程度更高。例如：

《上市規則》第 2.13 條規定：

（1）文件所載資料必須清楚陳述；

（2）文件所載資料在各重要方面均須準確完備，且沒有誤導或欺詐成分。

發行人不得有如下行為：

（a）遺漏不利但重要的事實，或是沒有恰當說明其應有的重要性；

（b）將有利的可能發生的事情說成確定，或將可能性說得比將會發生的情況高；

（c）列出預測而沒有提供足夠的限制條件或解釋；

（d）以誤導方式列出風險因素。

香港《公司條例》新版於 2014 年 3 月開始實施，其在加強企業治理方面的一些新的精神或措施需要留意。例如：

（1）加強董事的問責性，要求董事須有合理水準的謹慎、

技巧、經驗及努力；

（2）提高股東在決策過程中的參與程度，有不少於 5 名或占總表決權不少於 5% 的人數即可提出投票表決要求；

（3）加強核數師獲取資料的權利，賦權核數師可要求更廣泛類別的人士，提供核數師為履行職責而合理所需的資料或解釋，這些人士包括持有該公司（或在香港成立的附屬公司）的會計紀錄或須就該等紀錄負責的人士。

（二）創業板上市規則

香港創業板的設立是為給有主體業務的高成長型企業募資提供服務，按照相關規則（更新到 2016 年 7 月修訂），其基本的門檻包括：

1. 業務的主體性

提交上市文件之日的前 24 個月內，其自身或透過控股一家或多家公司專注於某一主營業務，多種業務捆綁但無一項主營業務的公司被認為不適合上市。

2. 財務要求

具備不少於兩個財政年度的營業紀錄，日常經營業務有現金流入，前兩個財政年度合計至少達 2 千萬港元。

註：香港創業板對上市時的市值沒有硬性規定，一般認為至少達 1 億港元。

3. 控股權的穩定性

在至少前三個財政年度管理層大致維持不變，在至少最近一個經審計財政年度擁有權和控制權大致維持不變。

4. 公眾化程度

上市時由公眾人士持有的股份市值至少為 3 千萬港元。公眾股東至少為 1 百人。公眾持股量須占發行人已發行股本至少 25%（根據 11.23 條款）。除非市值高達 1 百億港元以上，必須在 15% 以上。

綜上，對香港主板與創業板之間的基礎門檻及其差異，簡明列示見下表。

	主板	創業板
最低市值	2 億港元	1 億港元
公眾人士持股（持股最高的三名股東合計實持有不逾 50%）	比重占已發行股本少 25%；市值至少 5 千萬港元；公眾股東人數至少 3 百人	比重占已發行股本至少 25%；市值至少 3 千萬港元；公眾股東人數至少 1 百人
營業紀錄	至少三個財政年度紀錄，且至少前三個年度管理層大致維持不變，至少最近一個財政擁有權和控制權大致維持不變	不少於兩個財政年度的營業紀錄，且管理層在最近兩個年度維持不變，最近一個財政年度擁有權和控制權維持不變
財務水準	通過以下三類測試中的一種： （1）盈利測試； （2）市值／收入測試； （3）市值／收入／現金流量測試	日常經營有現金流入，且於上市文件刊發前兩個財政年度合計至少 2 千萬港元

資料來源：香港聯交所《上市規則》及其修訂說明

至於擬議中的新板，主要是為服務於那些未能達到主板、創業板上市標準的成長型企業，所以預計在新板掛牌和發行的門檻會低一些，但交易所同樣會對擬上市企業的業務的主體性、成長性、穩定性等方面有明確界定，且會加強對投資者的風險警示。

（三）可接受的註冊來源地

除了在香港和中國註冊的企業，香港聯交所可接受的註冊地主要是百慕達群島及開曼群島。自 2006 年 10 月以來，又續增一批可接納的註冊地，但聯交所將根據每個案例的實際情況來考核，申請人要表明其能為股東提供的保障水準至少相當於香港提供的保障水準。這些註冊地包括：澳洲、巴西、英屬維京群島、加拿大阿爾伯達省、加拿大不列顛哥倫比亞省、加拿大安大略省、塞浦勒斯、法國、德國、格恩西、馬恩島、義大利、日本、澤西島、韓國、盧森堡、新加坡、英國、美國加州、美國德拉瓦州。

現實中，在香港聯交所全部上市公司中，註冊在開曼群島的占比最多，其次是百慕達群島。也就是說，離岸註冊是赴港上市的重要途徑。

新申請上市企業的帳目要求按《香港財務彙報準則》或《國際財務彙報準則》編制。海外註冊成立的主板新申請人，在若干情況下，可接納其按《美國公認會計原則》或其他會計準則編制的帳目。創業板新申請人若已經或將同時在紐約證券交易所或那斯達克（NASDAQ）上市，則其按《美國公認會計原則》編制的帳目可獲接納。

（四）中國審核

對於註冊地在中國的企業來說，赴海外上市前需要按照境內相關法規完成一系列審批。除了符合《中華人民共和國公司法》、《中華人民共和國證券法》、《中華人民共和國會計法》中的相關要求，中國證監會 1999 年 7 月發布的《關於企業申請

境外上市有關問題的通知》，要求擬赴境外上市的企業滿足這些條件：淨資產不少於 4 億元人民幣，過去一年稅後利潤不少於 6 千萬元人民幣，並有增長潛力，按合理預期本益比計算，籌資額不少於 5 千萬美元。這項俗稱「四五六」規定的政策因較為苛刻，2012 年年底證監會發布《關於股份有限公司境外發行股票和上市申報文件及審核程序的監管指引》，自 2013 年 1 月 1 日起將其廢除，簡化了審批流程，擬赴境外上市的企業只要在產業政策、利用外資政策和固定資產投資管理等方面符合規定即可申請，使得規模相對較小的企業也有了赴境外上市的機會。

但民營企業赴境外上市還繼續受到「10 號文」的約束。2006 年 9 月，商務部聯合六部委發布《關於外國投資者併購境內企業的規定》（俗稱「10 號文」），給民營企業以紅籌架構境外上市設置了障礙。「10 號文」的核心條款第 11 條規定：「境內公司、企業或自然人以其在境外合法設立或控制的公司名義併購與其有關聯關係的境內公司，應報商務部審批。當事人不得以外商投資企業境內投資或其他方式，規避前述要求。」第 45 條規定，設立特殊目的公司經商務部初審同意後，境內公司憑商務部批復函向證監會報送申請上市的文件。審批的嚴格流程再加上外匯管制方面的時限（要求企業必須在一年的時限內完成境外上市），使得企業幾乎難以完成。事實上，鮮有企業在「10 號文」的規範下實現境外上市。但在實踐中，「10 號文」的約束已經被企業成功突破。例如，中國忠旺（HK 01333）於 2009 年 5 月在香港上市，操作中就是將境內及海外股東在境內持有的股權，轉讓給實際控制人在境外設立的公司，過程中並未向商務部報

批，投資銀行業界認為「應該獲得了監管層的默許」。

下圖為中國忠旺上市前的股權調整。

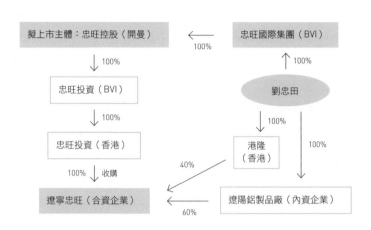

資訊來源：忠旺公司上市公告

總體上，中國審核赴海外上市的約束條件在逐步放寬。2014 年年底，證監會再宣布取消境外上市財務審核，降低了申請人的財務成本，再次印證「簡化境外上市核准手續」成為一種趨勢。

（五）上市流程與操作要點

1. 境外上市的基本模式

境外上市的基本模式有兩種：一種是註冊地在中國境內的企業直接到境外上市，按市場所在地命名，例如，在香港上市的稱為 H 股；另一種是中國境內的企業資產註冊到境外，以境外企

業的身分到境外某交易所上市，即紅籌模式。紅籌模式中又有直接、間接之分，或稱造殼、借殼。VIE 模式是紅籌模式的一種，其特殊之處在於境外註冊公司與大陸資產之間透過協議實現財務控制。

（1）H 股模式，指註冊地在中國境內的股份有限公司（一般為國企），按照大陸法律法規，獲得商務部、證監會（地方企業還需要經過省級人民政府）的批准，直接實現赴香港等地上市的模式（在香港為 H 股，在新加坡、紐約則稱為 S 股、N 股）。過去由於經由這種方式實現上市的基本上都是國企，所以 H 股又被視為國企股。由於所募集的資金主要為外資，所以 H 股又屬國企股中的外資股。但 2013 年之後，H 股為國企獨享的歷史被打破，民營企業開始有了以 H 股形式登陸香港主板的先例（如福建「富貴鳥」）。而早在此前已有華章科技等多個民營企業登陸香港創業板。

（2）紅籌模式，指中國企業在境外（如香港、英屬維爾京群島、百慕達群島、開曼群島等地）與外資籌組合資公司，將境內資產及業務注入其中，以境外註冊公司上市（造殼上市）。早年在海（境）外上市的多屬這種情況，例如，1992 年 10 月在紐約交易所（簡稱紐交所）上市的「華晨汽車」註冊地在百慕達群島，1999 年年初在新加坡證交所上市的鷹牌控股註冊地在開曼群島，1999 年 2 月在美國那斯達克上市的僑興環球註冊地在英屬維京群島。

（3）境外借殼（買殼）上市，屬紅籌模式的一種，指透過將位於中國的企業資產注入境外上市公司中，同時完成股權置

換，完成對上市公司的控制，實現境內資產的境外上市。買殼的略有不同之處在於，它先完成對境外上市公司的收購，再將企業資產注入。

（4）VIE模式，又稱新浪模式，屬紅籌模式的一種，由境外上市主體與境內資產所屬企業簽署財務控制協定，即境內企業的收入歸到境外上市主體。這種模式的特點是，二者之間是協議控制關係，而非控股、參股關係，是為規避中國法律對外資控股、參股中國媒體的禁止規定。

中國境外上市基本模式分類如下圖。

2. 境外上市基本流程

（1）H股上市基本流程：

第1步：前期可行性研究（目標市場準入門檻、中國審批程序）；

第2步：聘請仲介機構；

第 3 步：擬定重組股份制改制方案（已形成股份公司的也需
　　　　按上市標準進行調整）；

第 4 步：向中國證監會遞交股票發行及上市申請；

第 5 步：向國家發改委、商務部、證監會申報轉為社會募集
　　　　公司；

第 6 步：獲得中國證監會同意受理公司境外上市申請函，並
　　　　向境外證券交易所遞交上市申請；

第 7 步：獲得中國證監會對企業境外上市的正式批准並透過
　　　　境外上市聆訊；

第 8 步：境外推介和新股配售；

第 9 步：公開發行和掛牌交易。

（2）紅籌股上市基本流程

第 1 步：前期可行性研究（目標市場準入門檻、中國審批程
　　　　序）；

第 2 步：聘請仲介機構；

第 3 步：於境外註冊成立控股公司（如在英屬維京群島註冊
　　　　BVI 公司）作為上市主體；

第 4 步：BVI 公司與境內公司原股東簽署股權收購協議收購
　　　　境內公司股權；

第 5 步：BVI 公司向商務部申請，將境內公司性質由內資變
　　　　更為外商獨資企業，並向外匯管理局進行關於「返
　　　　程投資」的備案和登記；

第 6 步：境內公司獲批准為外商獨資企業，BVI 公司於 6 個
　　　　月以外匯向境內公司原股東繳付對價；

第7步：境外上市主體向境外證券交易所遞交上市申請；

第8步：境外上市聆訊；

第9步：境外推介和新股配售；

第10步：公開發行和掛牌交易。

3. 境外上市服務團隊構成如下圖：

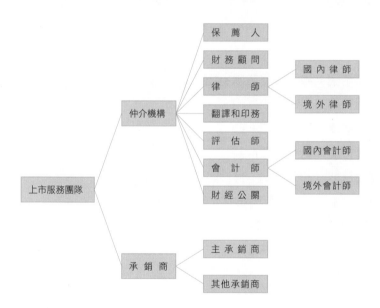

綠城服務：
最大物業股高市值入選「深港通」

公司名稱：綠城服務集團有限公司

股票代碼：HK 02869

上市板塊：香港主板

所屬行業：物業管理服務

成立日期：2014 年 11 月 24 日

註冊資本：380,000 HKD

註冊地址：Cayman Islands

員工人數：15,016 人

董事長：李海榮

第一股東：Orchid Garden Investment Company（36.72%）

上市時間：2016 年 7 月 11 日

募集資金：14.394 億港元

總市值：78.33 億港元

境外融資 2：
20 家企業上市路徑解讀

綠城服務，原名綠城物業，是中國具領先地位的高級住宅物業服務商。現今，中國的物業服務正在被互聯網所改變，物業管理公司也在學 Uber（優步，美國矽谷的一家科技公司）、華為公司，逐漸向平臺服務商轉型。綠城服務就是這樣一家企業，赴港上市之後的高股價使其成為市值最高的物業股，並被「深港通」所相中，納入了最新一批名單。這是「深港通」開通以來的第二批名單，共有 23 檔股票入選，與綠城服務一起入選的還有大型國企華潤醫藥、香港知名珠寶商周生生、互聯網科技股美圖公司，以及券商中信建投等企業。

　　綠城服務成立於 1998 年，其官網顯示這是一家「以物業服務為根基，以服務平臺為介質，以智慧科技為手段的大型綜合服務企業」。按照招股書，2015 年，綠城服務的營業收入為 29.2 億元，同比增幅 32.4%。物業管理收入占公司總收入的 71.6%，毛利率 10.2%；顧問諮詢服務收入占比 18.9%，毛利率 33.9%；園區增值服務占總收入的 9.5%，毛利率 47.5%。新興業務的概念凸顯使得綠城服務擺脫了傳統物業管理公司的低值形象。

◆ 一、上市訴求

（一）市場化發展道路

　　有研究稱，當前中國的物業服務市場規模達千億元，但整個市場比較分散，行業集中度低。2014 年，整個行業有超過 7 萬家大小物業管理公司。綠城服務是杭州最大的物業管理公司，擁有 2 百多個服務專案，但其在當地的市場占有率也僅有 5%，業

務主要來自其最大的客戶——綠城房地產集團，即在香港上市的綠城中國（股票代碼 HK03900）。

綠城集團（綠城中國）由浙江商人宋衛平於 1995 年創辦，是浙江省最大的房地產開發商。對於宋衛平及其創業夥伴來說，既需要更多資本來推動產業延伸，也需要透過資本市值來實現個人財富增值。綠城中國於 2006 年 7 月在香港主板掛牌，目前股價 8.1 港元，總市值 171 億港元。在資本的助力下，綠城服務如今已成為中國房地產界十強之一，尤其在高級別墅市場占有率上是居前的。

綠城服務是宋衛平在物業服務領域的著力，其一直走市場化道路，雖然關聯公司綠城集團（綠城中國）是其最大客戶，但提供的業務只占綠城服務全部營業額的 15%~20%、營業收入的 7.7%，占比並不高。換句話說，綠城服務更多的業務依靠的是與其他房地產企業的合作。在其客戶名單裡，除了綠城中國，還包括浙江新湖、融創、中交、浙鐵投等大型房地產企業。

（二）併購擴張急需資金

在未來市場整合的過程中，物業公司除了與開發商的關聯關係外，更多需要靠品牌和資本支持。所以，這個行業內誰先進入資本市場，就能既獲得資金，也能提升了社會信譽，進而也就奠定了未來的市場地位。

併購當然是迅速實現規模擴展的好方法。據透露，在綠城服務此次募集資金的需求中，有近一半將用於併購上。其收購標的偏向於中檔水準以上的物業公司，城市選擇上偏重一二線城市，尤其是長江三角地區的項目。募集資金的 20% 左右用作推廣及

開發「智慧園區」服務，另有 20% 左右用於償還債務。

在當前房地產行業競爭激烈的時期，綠城服務自我定位為智慧園區領域的行業先驅，由此打造出了令投資者興奮的「新故事」。按照綠城官方的介紹，智慧園區服務是指綜合運用現代科技手段，把基礎物業服務、園區生活服務與微商圈和公共服務、鄰里社交服務等互聯網資源統籌在一起，以提升居住幸福度為目標的生態系統，它包含服務系統、技術系統、保障系統等，即基於行動互聯的物業服務平臺（園區 O2O 平臺）。綠城服務的官方資料顯示，截至 2015 年年底，其線上服務端「幸福綠城」APP 覆蓋了全國 50 多個城市，4 百多個住宅園區，13 萬戶家庭，超過 18 萬人。線上服務內容除了基礎的物業管理操作，還有園區健康、園區學院和園區金融等多元服務。

（三）向資產管理跨越

刺激投資者神經的另外一條故事主線，是綠城服務的物業資產管理轉型。業內人士表示，物業管理進入了品質管理時代，要保持行業龍頭，必須發展增值服務。在綠城服務的戰略規畫中，「物業」二字包含「物」和「業」，其中「物」代表資產管理，「業」代表生活服務。資產管理在綠城被視為園區增值服務的一部分，是綠城服務發展方向中的重要一環。在資產管理方面，綠城服務已經在布局，包括二手房的置換和買賣，待售屋售後包租和經營，以及閒置資產的整合等。這些業務大多透過合作實現，綠城服務提供平臺和資源，合作方負責專業的營運、技術和管理。已知的合作方包括仲介機構豪世華邦、互聯網租房平臺「優客逸家」、度假公寓線上平臺「途家」等。這類業務「正在呈現

爆發式的增長」。

按照綠城服務 1.7 億平方公尺的已簽約物業管理規模來計算，若有 1% 的規模挖掘出資產管理業務潛力，便可有 2 百億元的年收入。正是靠這些「新故事」，綠城服務把傳統物業服務之外的新前景展示給了投資者。

◆ 二、關鍵努力

（一）「蟄伏」多年一波三折

回顧綠城服務的上市歷程，距離創始人宋衛平的謀畫已經過了 6 年。綠城服務的前身綠城物業成立於 1998 年，但在 2006 年綠城中國上市時，作為關聯企業的綠城物業並未打包進上市公司，而是獨立營運。由於綠城地產的股權多元化，創始人宋衛平的控制權已經削弱，作為新生平臺的綠城物業被畫入了尚在宋衛平控制下的關聯公司藍城集團。後者主打「城鎮化營運」業務。

綠城物業實質性浮出是在 2010 年 8 月，綠城地產與宋衛平及兩家公司合資，主營業務為物業建設管理和諮詢服務。此前 2009 年，綠城物業的相關業務收入才 371 萬元。盤子雖小，但一個新平臺開始誕生。經過幾年營運越滾越大，綠城物業業務形成物業管理、顧問諮詢和園區增值三大板塊。但綠城物業歸屬的藍城集團又面臨被綠城地產併購的局面，於是在 2014 年綠城物業加快了剝離上市的步伐，終在 2015 年年底公開發布了招股文件。

2016 年 6 月，藍城併入綠城中國成為事實。而獨立營運綠

城物業更名為綠城服務，在資本市場相對低迷之際搶登香港資本市場，完成了驚險的蛻變。因為彼時，創始人已經失去了對藍城和綠城的控制人地位。綠城服務加緊上市之時，綠城中國已經進入「去宋衛平化」時代。卸任之後的宋衛平今後將專注於綠城小鎮建設，「退休前的 5~10 年，做出 5~10 個小鎮模範」，這是他的心願。而對綠城服務赴港上市的完美操作，無疑成了宋衛平的人生二次創業的重要一環。

（二）上市路徑選擇

在綠城服務赴港上市之時，中國 A 股滬深兩市尚未有物業企業的身影。證監會 2016 年 11 月更新的「首次公開發行股票審核工作流程及申請企業情況」顯示，南都物業、碧桂園物業等均處於 IPO 排隊審核過程中。而由於 A 股主板、創業板審核時間長、通過率不高，一些規模較小的物業公司主要選擇在新三板掛牌，如東光股份、開元物業、丹田股份、華仁物業、盛全物業、協信物業等。

導致物業管理類公司未能獲得 A 股市場青睞的一個原因是其利潤偏低。在赴港上市的幾家同業企業中，除了綠城服務之外，其他幾家的前一年度淨利潤均未超過 2 億元，只有綠城服務 2015 年的淨利潤略高於 2 億元，整體利潤率為 6.8%。

對於綠城服務來說，急於選擇赴港上市的一個重要原因是，需要搶占「智慧園區」概念先機。綠城的「智慧園區」概念是回應國家推行的智慧城市試點工作。中國住建部和科技部在 2015 年 4 月公布的第三批國家智慧城市試點名單中，包括綠城房地產集團有限公司、綠城物業服務集團有限公司聯合體等單位承建的

41 個專案，成為國家智慧城市專項試點，其中 6 個為綠城智慧園區服務體系專案。

這些頗具互聯網屬性的概念近兩年非常流行，綠城服務在赴港上市時專門凸顯這些概念。試想假如綠城服務繼續在 A 股市場排隊，排上 2~3 年的話，將會坐失良機，使這些智慧園區概念被其他企業搶占。

（三）有效發揮國際配售

由於受 2016 年英國脫歐事件的影響，散戶投資者態度轉向審慎，綠城服務的認購在散戶市場出現了認購不足的情形，公開發售的有效申請只有 3,711.6 萬股，只相當於公開發售的 47.72%。但與此同時，國際認購部分已經超額，在這種情況下，擬公開發售部分股份中未獲認購的 4,066.4 萬股被重新分配到了國際配售。

國際配售主要是向國際上的機構投資者發售。在港上市的企業可以採取「公開募股＋國際配售」發行方式。國際協調人在正式發行前會在國際配售地進行私募推介。

也正是在這種情況下，為了保證綠城服務順利上市，關聯公司綠城中國以基石投資者身分認購了 1.39 億股公眾股，占發售完成後公司總股本的 5%。參與認購的還有忠富控股有限公司（1.39 億股）、中國東方資產管理（國際）控股有限公司（9,700萬股）、浙江天堂矽穀資產管理集團有限公司（1.17 億股）。

雖然先期散戶市場認購不足，但上市後行情即刻反彈，首日股價大漲 10.55%，表明市場對綠城服務的認可。

◆ 三、上市成效

（一）市值最大的中國物業公司

按照 2016 年 7 月 11 日在香港主板掛牌當日每股 2.2 港元收盤價，綠城服務總市值 61.1 億港元，超過之前上市的彩生活（59 億港元）、中海物業（38.8 億港元）、中奧到家（9.6 億港元）等同行企業，綠城服務成為第四家赴港上市的中國物業公司，以及目前市值最大的中國物業管理公司。按照 2017 年 3 月份的資料，綠城服務的總市值在 80 億港元左右，預計未來 5 年，隨著公司擴張戰略的實施，其市值將超過 2 百億港元。

綠城服務本次赴港上市的成功在業界形成了先聲奪人的效果。按照《2016 中國物業服務百強企業研究報告》，「2016 中國物業服務百強企業服務規模 TOP10」綜合排名（按服務規模），前三甲分別是彩生活、萬科物業和綠城物業。萬科物業在 2016 年秋剛剛完成業務分拆，上市計畫尚未展開，彩生活的市值又被綠城服務超越，綠城服務的光環暫時領先。上述排名由中國物業管理協會和中國指數研究院於 2016 年 6 月發布，入圍前十名的物業公司還有碧桂園、保利、中海、長城、萬達、中航、金地等物業管理公司品牌。

（二）多位新富豪誕生

隨著綠城服務上市，多位新富豪由此誕生。創始人宋衛平、壽柏年、夏一波等當時合計持有股份市值 22.45 億港元，董事長李海榮持股市值 14.97 億港元，其他管理層持股市值 6.6 億港元。綠城中國等基石投資者也是收穫滿滿。2017 年 2 月，綠城服務

公告，有關禁售期已於1月12日到期，一部分上市時的基石及重要投資者出售其部分或全部股份。

伴隨著綠城服務的上市和股價走高，同為宋衛平控股的綠城中國（HK 03900）股價也一路走高，從2016年6月份的最低5港元升至8港元以上。

（三）納入恒生指數和「深港通」

綠城服務上市4個月後，被納入摩根士丹利（MSCI）的中國小型股指數成份股。2017年2月，再獲恒生指數青睞，被納入了恒生綜合小型股指數及恒生消費品及服務業指數。3月6日，綠城服務公告，再被納入「深港通」，入選「深港通」無疑將會給公司開拓更廣闊的管道，可以直接面對境內投資者，交易量及流通性得以提升。

（四）總結與點評

物業服務本屬傳統行業，而綠城服務加入了一些諸如「智慧園區」這樣的新故事，就使其有了吸引投資者的焦點。

在中國A股市場尚無物業公司成功上市先例的情況下，及

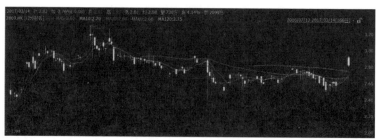

資訊來源：Wind

時選擇赴港上市為綠城服務展開與彩生活、中海物業等中國同行的競爭創造了有利條件。

在資本的助力下，引入了互聯網理念的物業服務將給人們的生活帶來怎樣改變的理念，令人充滿期待。

上圖為綠城服務（HK02869）在香港上市以來的股價走勢（資料更新至 2017 年 3 月）。

下圖為綠城中國（HK03900）過去 9 個月（更新至 2017 年 3 月）的股價走勢。

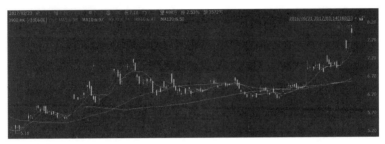

資訊來源：Wind

◆ 四、同業企業上市現狀

2014 年 6 月，彩生活在香港上市，開啟了房地產企業分拆物業上市的潮流。先於綠城服務在港上市的中國物業公司已經有彩生活、中海物業、中奧到家等。綠城服務創下的高市值，正在激勵後來者。萬科物業、保利物業、旭輝物業等知名同業公司的下一步怎麼走正受到行業和資本市場的關注。

據預測，到 2020 年，中國住宅物業面積將達 3 百億平方公尺，而社區服務消費將成為新的藍海，規模超過兆元。分拆上市，則實現「一種資產、兩次使用」，成為主流模式。分拆出的業務比傳統房地產開發有更高的估值，既可在資本市場獲得更多機會，又可在產業鏈上下游挖掘潛力，獲得更為豐厚的收益。

下表為在港上市的中國物業公司比較資料（資料時點為綠城服務在港上市後短期）。

	綠城服務	彩生活	中海物業	中奧到家
市值	83.1 億港元	60.5 億港元	57.8 億港元	8.5 億港元
上市前一年營收	29.2 億元	8.3 億元	21.3 億元	4.2 億元
上年淨利潤	2 億元	1.7 億元	1 億元	0.1 億元
本益比	35.2	30.1	49.4	65.1

資料來源：根據公開資料整理

（一）彩生活：社區營運第一股

彩生活平臺的輕資產盈利模式是花樣年控股集團的傑作，後者致力於社區服務產業。2014 年 6 月 30 日，彩生活服務集團於香港聯交所主板正式上市，全球發售 2.5 億股，首日掛牌以 3.78 元定價，發售獲超額認購 3.03 倍，全球發售淨額 8.48 億港元。

在物業服務行業，彩生活的規模不算大。截至 2014 年 4 月 30 日，彩生活集團流動資產總額只有 4.28 億元。但彩生活不是一個簡單的物業管理公司，花樣年擬將其打造成一個以互聯網思維為導向的行動互聯營運平臺，創造性地把「房子＋社區＋技術＋服務」完美結合，顛覆傳統物業服務模式。在傳統物業模式面

臨虧損困境時，彩生活的淨利潤卻逐年增加。

彩生活的成功啟發了不少房地產和物業管理行業人士，「社區服務也許是比地產還要大的生意」，成為業界的最新思考。

至赴港上市時，彩生活已進駐全國 78 個城市。中國指數研究院 2013 年將其評為中國最大的社區服務營運商。基於此，奇虎 360 加入彩生活基石投資者，認購 1 千萬美元。

赴港上市加速了彩生活的模式複製和規模擴張。花樣年總裁唐學斌樂觀估計，未來幾年，彩生活的市值或可往千億規模攀升。按照彩生活 2015 年 4 月曾經達到的 13 元最高股價，其最高市值曾破百億港元。

下圖為彩生活（HK 01778）2014 年 6 月上市至 2017 年 3 月的股價走勢。

資訊來源：Wind

（二）中海物業：以介紹形式獨立上市

中海物業由中海地產（中國海外發展）分拆而出，繼彩生活之後，成為第二家在港上市的中國物業管理公司。但「好故事」已經有人講過了，那麼，中海物業有什麼樣的故事呢？

中海物業是以介紹形式上市。介紹形式上市把企業融資和證券上市在時間上分開，使企業有更大的靈活性，這種方式在香港可以使用。按照香港聯交所的規則，介紹形式有以下三種情形：

一是申請上市的證券已在另一家證券交易所上市，俗稱「轉板上市」；

二是發行人證券由一名上市發行人以實物方式分派給其股東或另一上市發行人的股東；

三是換股上市，海外發行人發行證券，以交換一名或多名香港上市發行人的證券。

中海物業屬於第二種，透過母公司中國海外發展（HK00688），以實物分派股份予原有股東的方式進行分拆。具體是，登記在冊的中國海外股東瓜分中海物業全部已發行股份，共32.87億股。規則是，合資格股東每持有三股中國海外股份可獲派一股中海物業股份。分拆後，中國海外發展及其母公司繼續持有中海物業61.18%的股份。

這種方式在短期內將減少中國海外發展的帳面價值，但使得中海物業獲得了獨立的流動性。雖不涉及新股發行，但中海物業獲得了獨立的股票代碼02669。

中海物業在上市文件中也在提及O2O[1]，但其業務較彩生活更為傳統。幸虧中海物業的業績數字比大多數傳統物業公司好。公告顯示，2012~2014年，中海物業營收分別為14.45億港元、18.44億港元、21.64億港元，複合增長率33.4%，淨利潤分別為6,150萬港元、8,550萬港元、9,710萬港元，複合增長率25.7%。

下圖為中海物業 2015 年 10 月上市至 2017 年 3 月的股價走勢。

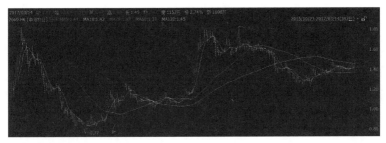

資訊來源：Wind

---

1 O2O 為電子商務名詞，即 Online To Offline，是指將線下的商務機會與互聯網結合，讓互聯網成為線下交易的平臺。

瑞慈醫療：
民營體檢機構上市助力擴張

公司名稱：瑞慈醫療服務控股有限公司

股票代碼：HK 01526

上市板塊：香港主板

所屬行業：體檢、醫療

成立日期：2014 年 7 月 11 日

註冊資本：1,000,000 USD

註冊地址：開曼群島

員工人數：3,377 人

董事長：方宜新

第一股東：翠慈控股有限公司（54.81%）

上市時間：2016 年 10 月 6 日

募集資金：淨額 7.9 億港元

總市值：26.59 億港元

瑞慈醫療 2002 年始創於江蘇南通瑞慈醫院，是一家經營綜合醫院、體檢中心及診所的多元化私營綜合醫療服務集團。其憑藉醫院營運經驗，建立領先的體檢業務，於長江三角洲地區有較大影響力。公司利用位於上海的體檢中心場所及資源，於 2015 年 6 月推出診所業務。

目前，瑞慈醫院是全國僅有的 3 家三級民營醫院之一。但由於醫療行業的盈利週期較長，而瑞慈醫療又處於一個快速擴張的階段，債務和競爭的雙重壓力使其對資金的需求強烈。瑞慈醫療於 2016 年 10 月在香港交易所主板上市，發行股票 3.98 億股，每股發行價 2.56 港元，募集資金淨額 7.9 億港元。

瑞慈體檢在業內起步比較早，但以區域為主，業務主要是團檢，市場占有率跟美年健康（002044）、愛康國賓（美股代碼：KANG）相比仍有差距。在瑞慈醫療之前，中國民營醫療行業已有和美醫療（HK 01509）、康寧醫院（HK 02120）等專科連鎖醫院先行登陸資本市場。瑞慈醫療此次上市為其增強競爭能力、實現擴張目標打下了基礎。

◆ 一、上市訴求

中國健康體檢行業持續快速發展，體檢人次、占人口比重持續增長。體檢行業仍是醫療產業中起步較晚的一環，行業發展和市場前景巨大。也正因為如此，很多行業中初具規模的體檢企業紛紛攻城掠地，迅速搶占市場占有率。體檢行業市場形成了愛康國賓、慈銘體檢和美年大健康三足鼎立的局勢。繼這三家之後，

瑞慈醫療成為新的龍頭企業。

（一）商業模式與發展歷程

瑞慈醫療是伴隨著中國醫療行業的改革進程快速成長起來的。瑞慈醫療創始人方宜新曾是一名醫生，他棄醫從商創辦了化妝品公司——東洋之花。1997 年中共中央、國務院布頒布《關於衛生改革與發展的決定》，允許社會資本辦醫，民營醫療由此進入快速發展時期。醫生出身的方宜新抓住了這一契機。2000年，方宜新回歸醫療，創辦了民營三級醫院——南通瑞慈醫院。

2000 年，南通瑞慈醫院開工建設，2002 年建成後成為中國改革開放以來第一家大型綜合性民營醫院。瑞慈醫院當時的規模如下：總占地面積 260 畝，一期投資 5 億元，建築面積 8 萬多平方公尺，初期開設床位 7 百張，總規畫床位 1 千張。

瑞慈醫療的收益主要來自綜合醫院和體檢業務。其商業模式特點是，把醫療技術作為核心競爭力，引進專業的醫療技術與專家資源。例如，成功簽約一批知名三甲醫院專家，分別來自上海瑞金醫院、中山醫院、復旦大學附屬兒科醫院、婦產科醫院等。在臨床技術方面，瑞慈醫院建成國家級重點專科：兒外科，江蘇省級重點專科：兒內科，以及南通市級重點專科：心血管內科、心胸外科、骨科。如董事長方宜新所言，「瑞慈只做公立醫院不能做和不想做的。長江三角洲對特需醫療有巨大需求，而公立醫院方面受一定限制；公立醫院不想做的，比如康復、兒科、婦產科等。」

（二）債務壓力

快速擴張伴隨著巨大的債務壓力。2013~2015 年，瑞慈醫

療的淨利潤分別為 3,652 萬元（CNY，下同）、831.9 萬元以及 2,898 萬元，2016 年上半年則為 ~1,080.20 萬元。按照歐瑞慈方面的解釋，淨利潤波動主要受投資建設新體檢中心和診所影響。截至 2016 年 6 月 30 日，瑞慈醫療當年需還清的借款約 4.16 億元。同期所擁有的現金及現金等價物約為 2.55 億元。而當年及次年都有一系列擴展計畫，新的體檢中心建成營運後需 1 至 3 年才能達到收支平衡。在這種情況下，如果沒有新的資金進來，其擴張計畫勢必受到影響。

面對擴張和償還貸款雙重需求，瑞慈醫療需要透過 IPO 來解燃眉之急。

（三）機構投資者的期待

至瑞慈醫療赴港上市時，距離 IDG（美國國際資料集團）的首次投資已經經過 5 年了，到期待退出的時候了。

2010 年 11 月，投資機構 IDG 的一家關聯公司用 5 千 1 百萬元人民幣認購瑞慈體檢 16.666% 的股權。赴港上市前，瑞慈醫療又吸引了大量資本入駐。2014 年，瑞慈醫院組建的南通瑞慈醫療集團正式成立時，再獲得 IDG 增資，同時新引入英國霸菱銀行的注資，兩大國際資本共注資數億美元。2015 年 2 月，瑞慈醫療進一步獲得霸菱亞洲 4.2 億元人民幣注資。

◆ 二、關鍵努力

（一）定位「大醫療」，主打「深度體檢」

瑞慈醫院試圖打通「大醫療」全產業鏈，形成「醫療＋體檢」

雙核主業，並逐步集團化營運，上市前業務涵蓋五大板塊——醫院、體檢、養老、互聯網醫療、診所，旗下擁有 1 間綜合醫院、21 間體檢中心及 1 間診所。2016 年年底，瑞慈醫療現有的體檢中心衍生出 10 間新診所。2017 年，瑞慈醫療計畫在江蘇常州和上海各開設一所婦產科專科醫院。

瑞慈醫療強調以「深度體檢」為核心，為富裕階層提供從健康體檢、健康檔案管理、風險評估到健康指導的全程化深度健康管理服務。自身定位為「深度健康管理」的宣導者和實踐者，堅持整合國際尖端設備、醫界頂尖專家、尖端醫療技術等優勢資源，最大程度提升疾病的早期檢測準確率。

（二）凸顯長江三角洲區域市場地位

根據弗若斯特沙利文的報告，瑞慈醫療為長江三角洲地區唯一一家多元化私營綜合醫療服務集團。長江三角洲地區人口密集，醫療和體檢需求增長較快，且是瑞慈醫療起家的地方。所以，瑞慈很強調其在這一地區的布局。以長江三角洲地區為中心，瑞慈體檢開設近 30 家機構，瞄準這一地區的大型企事業單位，並為其提供服務。

目前，中國體檢市場已被美年、愛康、慈銘三分天下，瑞慈緊跟其後成為第二梯隊龍頭，若按照收益畫分，瑞慈可列入三強。

下圖為 2015 年長江三角洲地區私營體檢市場按收益畫分的資料比例。

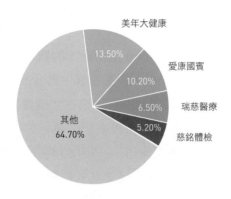

美年大健康 13.50%
愛康國賓 10.20%
瑞慈醫療 6.50%
慈銘體檢 5.20%
其他 64.70%

資料來源：瑞慈醫療上市公告

（三）上市路徑選擇

在瑞慈醫療之前，同業巨頭尚無直接在 IPO 成功的先例。市場占有率最高的美年大健康是透過借殼江蘇三友（002044）於 2015 年 3 月在深圳交易所（簡稱深交所）實現曲線上市。雖然借殼上市可節約排隊時間，但被借殼公司的原有資產需要設法進行處置。根據重組方案，江蘇三友的全部資產和負債的評估值為 4.86 億元。江蘇三友是一家中外合資的服裝企業，其主業與美年大健康從事的體檢主業並無交集。另一家巨頭愛康國賓（美股代碼：KANG）則於 2014 年 4 月登陸美國那斯達克證券交易所，實現公開募股規模約為 1.53 億美元。

2014 年 3 月，在美年大健康與愛康國賓同期宣布 IPO 計畫時，慈銘體檢在等待 A 股 IPO 開閘。當這些競爭實現在境外或借殼上市之後，慈銘體檢為積極參與競爭也很快放棄了在 A 股門

外的苦苦等待，轉而啟動了赴港上市流程。

在此之前，鳳凰醫療（HK 01515）於 2013 年 11 月成功赴港上市，募集資金淨額 13.8 億港元，開啟了中國醫療服務企業登陸國際資本市場的先河。鳳凰醫療在港上市時，創造了公眾超額認購 533 倍、機構超額認購 44 倍、認購資金超過 1 千 2 百億港元的紀錄。鳳凰醫療上市後展開一系列併購擴張，一時號稱「中國最大的私立醫院集團」。2016 年，鳳凰醫療以收購華潤醫療的形式實現二者合併，並更名為華潤鳳凰醫療，號稱「亞洲最大醫療企業」，新近市值 129 億港元。

由於中國企業赴境外上市需要經過有關部門的審批，而鳳凰醫療作為首家赴境外上市的中國醫療企業，具有突破性，對瑞慈醫療起到了示範作用。

下圖為鳳凰醫療（後更名「華潤鳳凰醫療」）2013 年 11 月赴港上市以來的股價走勢（更新至 2017 年 3 月）。

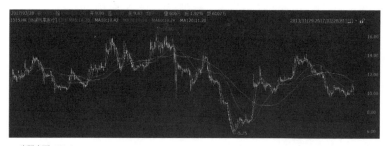

資訊來源：Wind

（四）上市時機的調整

2016 年 6 月，英國脫歐事件發酵，瑞慈醫療曾臨時取消了

路演，上市計畫一度擱置。瑞慈醫療董事會祕書邵忠解釋，由於當時受到英國脫歐事件影響，國際形勢不明朗，全球資本市場波動較大；而下半年市場穩定，且中國醫療行業持續好轉，因此公司選擇在 10 月上市，並提前赴香港、新加坡及紐約等地路演。

◆ 三、上市成效

（一）發行效果與市場表現

2016 年 10 月 6 日，瑞慈醫療在香港主板上市，招股書顯示，此次 IPO 共發行 3.98 億股，80% 為新股，每股發行價 2.56 港元。所發售股份的 10% 用於公開發售，90% 用於全球發售。其中，瑞慈醫療引入的基石投資者包括綠地金融和 Wonderful Leader Limited，分別投入資金 2,580 萬美元和 1,040 萬美元，合計約 2.82 億港元，占全球發售股份的 26% 左右，禁售期為 6 個月。

此次發行共募集資金 10.18 億港元，淨額 7.9 億港元。所募集資金中的 79.5% 將用於擴張計畫，其餘用於償還銀行借款以及用作營運資金。下圖為瑞慈醫療上市後至近期股價走勢（資料

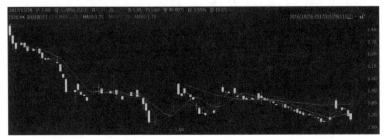

資訊來源：Wind

更新至 2017 年 3 月）。

（二）擴張加速

在香港上市之後的瑞慈醫療明顯加速了擴張的步伐。2017年年初，瑞慈醫療公司年會披露 2020 年前的發展計畫，將在上海建立一家高水準綜合性醫院，並在長江三角洲地區建設多家婦兒專科醫院，將瑞慈婦兒打造成為瑞慈醫療集團的又一核心產品。其體檢板塊向醫療化、高端化、國際化發展，與平安集團達成戰略合作，簽約百店合作計畫，將實現規模快速擴張，站穩中國體檢市場第一梯隊。

（三）總結與點評

自從 2013 年鳳凰醫療成功在香港上市，中國醫療和體檢行業的上市夢想受到很大鼓舞——原來曾被視為「障礙」的「10號文」等政策約束，其實也是可以突破的。隨後出現的醫療、體檢行業赴海（境）外上市潮，為民營醫療的快速發展創造了條件。相信未來中國會崛起更多類似鳳凰醫療、瑞慈醫療、美年大健康等民營醫療機構，其證券化的道路也會越走越寬。

◆ 四、同業企業上市現狀

中國體檢行業的幾大龍頭企業當中，愛康國賓、美年大健康、慈銘體檢都已完成了上市（或併購），但各家所走的路徑很不一樣。其中，先是愛康國賓赴美上市，隨後美年大健康在 A 股市場借殼上市，而慈銘體驗則併入了美年大健康。

（一）美年大健康

2015 年 8 月，美年大健康（002044）借殼江蘇三友完成 A 股上市。

此前，江蘇三友發布定增預案，公司擬以全部資產及負債（包括或有負債）與美年大健康 100% 股份中的等值部分進行置換。按照重組方案，江蘇三友的全部資產和負債的評估值 4.86 億元，置入資產美年大健康 100% 股權作價 55.4 億元。

美年大健康主營業務為健康體檢，公司業務以健康體檢服務為核心，並集健康諮詢、健康評估、健康干預於一體。美年大健康 2012 年、2013 年、2014 年實現營業收入 6.3 億元、9.79 億元、14.31 億元。2015 年 6 月，美年大健康借殼江蘇三友重大資產重組專案無條件透過證監會重組委審核，借殼上市與產業整合同步完成的一籃子交易僅用時 8 個月就順利完成。

據悉，美年大健康登陸 A 股市場的計畫在 2014 年就已經開始。2014 年 3 月，同樣為體檢龍頭企業的愛康國賓向美國證監會提交了 IPO 申請，美年大健康在同一時間表示公司將於 2015 年登陸 A 股市場。

美年大健康在 2012~2014 年度分別實現營業收入 6.3 億元、9.79 億元和 14.31 億元，淨利潤分別為 8,017.85 萬元、4,524.59 萬元和 1.46 億元。但公司業績的增長很大程度上依賴於大規模的併購式擴張，僅靠搶地盤式的擴張很難獲得長久的盈利，在資本的支持下積極向健康管理新模式轉型成為上市時凸顯的戰略。

美年大健康過去幾個月的股價走勢如下圖所示（資料更新至 2017 年 3 月初）。

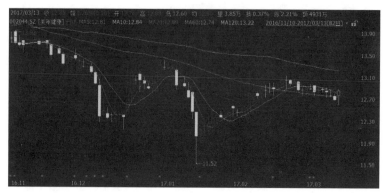

資訊來源：Wind

（二）愛康國賓

2014 年 4 月 9 日，中國最大的民營預防醫療服務提供機構愛康國賓宣布成功登陸美國那斯達克證券交易所。此次首次公開募股定價為每美國存託股票（ADSs）公開發行價格 14 美元，開盤報 16.50 美元。在承銷商未行使超額認購權的情況下，愛康國賓公開募股規模約 1.53 億美元。

同時，愛康國賓以公開發行價格向中國國家主權基金──中國投資有限責任公司旗下基金進行總計 4 千萬美元的私募配售。按照 14 美元發行價，公司總估值達到 9 億美元，成為在美上市的中國醫療機構中市值最高的一家。

公司 2013 財年前九個月收入 1.73 億美元，淨利潤 2,790 萬美元，同比分別增長 49.6% 和 41.3%。2014 年，愛康國賓的營收超過 17 億元人民幣，淨利潤率 11%。

早在 2011 年，愛康國賓就在運作上市一事，當時因「中概

股」表現不佳而擱淺。創始人張黎剛認為，「上市是夢想的必經之路，愛康國賓遲早要走到這一步，我們選擇在那斯達克，是因為其開放、變革的氣質與我們的公司文化契合。」

張黎剛曾經是 e 龍網創始人，1998 年他放棄即將拿到的哈佛醫學博士學位轉而追隨張朝陽，後離開搜狐創立 e 龍，又幾經周折放棄 e 龍，按互聯網思維創辦體檢服務平臺愛康網，即愛康國賓的前身。

下圖為美股愛康國賓近期股價走勢（資料更新至 2017 年 3 月初）。

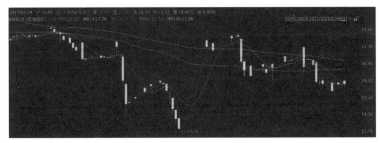

資訊來源：Wind

（三）慈銘體檢「嫁給」美年大健康

2014 年 11 月，美年大健康與慈銘體檢全體股東、慈銘體檢簽訂《關於慈銘健康體檢管理集團股份有限公司之股份轉讓協議》，擬分期收購慈銘體檢 100% 股份，慈銘體檢總體估值 36 億元。其中，第一次轉讓股份占慈銘體檢總股本的 27.78%，該部分股份估值 10 億元，收購已完成；第二次轉讓股份占慈銘體檢總股本的 72.22%，該部分股份的轉讓對價可採取貨幣資金支

付，或者股份支付及兩者結合的方式進行，具體支付方式由各個賣方獨立自主決定。

慈銘體檢與美年大健康結盟之時，美年大健康已在運作借殼上市。因此在資本市場人士看來，美年大健康先對慈銘體檢進行參股式收購，同時保留後續對慈銘體檢 70% 股權的併購期權，既鎖定了雙方的合作，也不影響美年大健康自身上市進程。

對慈銘體檢及其股東而言，既收穫部分退出現金，又實現了「嫁給」擬上市公司，後續保留換股式成為上市公司股東的空間。而對於借殼上市的美年大健康而言，保留了後續重大增發併購題材。

雅迪控股：
搶先上市引領行業洗牌

公司名稱：雅迪集團控股有限公司

股票代碼：HK 01585

上市板塊：香港主板

所屬行業：兩輪電動車

成立日期：2014 年 7 月 17 日

註冊資本：48,070 USD

註冊地址：開曼群島

員工人數：3,836 人

董事長：董經貴

第一股東：大為投資有限公司（46.65%）

上市時間：2016 年 5 月 19 日

募集資金淨額：11.2 億港元

總市值：49.80 億港元

雅迪為中國最大的電動兩輪車品牌，總部位於江蘇無錫，主要生產電動踏板車、電動自行車、電池、充電器及零件等產品。公司成立於 1997 年，在江蘇、浙江、廣東以及天津等省市有四大生產製造基地，年產銷量超過 5 百萬輛，2015 年銷售額 64.29 億元。

根據弗若斯特沙利文的報告，就收入及淨利潤，雅迪是中國電動兩輪車領導品牌。2015 年，雅迪電動兩輪車營收占中國市場的 10.5%，淨利潤占整體市場占有率的 24.0%，均排第一。另外，雅迪採用高端定位策略，精於電動踏板車。雅迪擁有龐大分銷網路。國際銷售已覆蓋 66 個國家。2015 年全球賣出 3,920 萬台電動兩輪車，每 12 台中就有一台是雅迪生產。

2016 年 5 月 19 日，雅迪集團控股有限公司在港交所掛牌，成為中國電動車行業上市第一股。此次公開發售 7.5 億股，占發行後總股本的 25%，按每股 1.72 港元計算，所得淨額 11.2 億港元，款項主要用作改善銷售、擴大產能等用途。

◆ 一、上市背景

雅迪的銷售模式是現金收款，對經銷商的應收帳款天數僅為 8 天，而對供應商的應付帳款天數則長達 172 天。2015 年，公司的現金及現金等價物總計 24.3 億元，2016 年 5 月赴港 IPO 募資淨額 11.2 億港元，浙江工廠收到政府補助 2,359.4 萬元。2016 年，公司保本理財產品餘額 14.11 億元，現金及現金等價物合計 32.12 億元。對這樣一家沒有銀行貸款和其他長期負債的

企業來說可謂現金充裕，上市所募 11.2 億港元算是錦上添花，或更具資產定價方面的象徵意義。

那麼，雅迪為何還要上市？募集資金雖有完善行銷之意，但所募資金不及上年現金及現金等價物的一半，而上市後當年保本理財產品餘額大於募集資金總額，可見上市並非出於資金饑渴。並且，在當前銷售網路已深入到縣鄉層級的情況下，繼續深入的空間已經有限。

那麼，除了提升公司形象之外，雅迪上市還有哪些意圖？從公開資料中可以分析出以下幾點：

（一）利潤放緩的危險

雅迪電動兩輪車的收入在中國的市場占有率和淨利潤均排名行業第一。但中國電動兩輪車行業當前呈現同質低價化趨勢，價格競爭激烈。面對著激烈的低端市場競爭，雅迪公司要想保持價格空間和利潤率水準，必須往高端定位轉型。公司近兩年的戰略調整就是意在避免陷入低端競爭。

如果沒有上市助力，2017 年由於產品降價，雅迪可能繼續面臨著銷量提升，但利潤放緩的局面。在上市前一年（2015），公司生產的電動踏板車及電動自行車的平均售價均開始下降，降幅分別為 1.8% 與 7.4%。

從市場競爭格局來看，按收入計算，雅迪以 10.5% 的市場占有率排名第一，但競爭對手愛瑪以 8.75% 緊隨其後，其他品牌實力也不俗，如綠源、新日和台鈴分別為 4.95%、4.76% 和 4.33%。而且，在除了電動摩托車之外，在電動自行車市場，雅迪已被愛瑪反超，愛瑪以 12.93% 的市場占有率排第一，雅迪僅

占 9.17%。

此外，在互聯網思維的衝擊下，一些新興力量開始加入，電動摩托車市場接下來會不會如手機市場一樣淪為廝殺一片的紅海？畢竟在互聯網時代，市場格局的轉換有時只需幾個月時間。在這種情況下，雅迪不能不防。

（二）產品和服務提升

雅迪在上市一年半前開始趨向高端定位。例如，在產品研發和零件採購商，以求同型產品領先於競爭對手，並力推高級車型Z3 系列，減少一般車型出貨。Z3 系列有「兩輪的特斯拉」之稱，2 小時完成動力鋰電充滿，續航里程 120 千公尺。

雅迪對銷售管道統一裝修，明碼標價，掌控定價權，支撐高端形象，打造五星級「4S 體驗」，實現售後的全方位支援。有了這些支撐，雅迪在宣傳策略上極力凸顯「更高端」追求。從效果看，這些策略的執行的確帶來了單車售價及銷量的保持或上揚。

在產品的延伸功能方面，雅迪引入了行動互聯網，「雅迪管家」APP 可實現故障偵測、位置追蹤等，當車輛發生非法位移時，車主會收到提示。透過這些延伸，雅迪成為傳統企業借力「互聯網」的代表，為收穫消費者認可和國際資本市場的肯定起到了一定的助力作用。

（三）改變核心零件的被動採購

在核心零件的定價權方面，雅迪多少有些被動。電動車的核心動能來自電池，電池決定了整車的性能。雅迪電動車的動力零件——電池組，主要向專業廠商採購，如雅迪 Z3 電動車的配

置，使用的是松下動力鋰電池。此前有不少低端（平價）產品使用鉛酸蓄電池，雖然成本較低，但動力弱，且笨重，將被逐步替代。而大量採用鋰電池配置必然導致成本上升。因此，自行研發或聯合研發，然後自行製造配套鋰電池將成為雅迪的合理選擇。當然，這一戰略行動需要較大的資金支援。根據最新消息顯示，當前公司已經完成了鋰電池控制系統的研發，2017 年內增持 Lightning Motors 股份至 17.4%，將與後者共同開發鋰電池自行車。

◆ 二、關鍵努力

（一）宣傳造勢凸顯「高端、智能」

豪華車型成為銷售主力，這是雅迪能順利在香港上市的重要原因。將雅迪定義為高端品牌，不僅使其獲得更高的品牌溢價，也利於在資本市場得到認可。

雅迪根據市場需求推出中高端電動車產品。2015 年雅迪豪華電動車銷量達 190 多萬台，占公司全年總銷量的 58.52%。

高端車型意味著技術門檻，經過近 20 年發展，雅迪擁有從設計、製造、銷售、售後的完整生產體系，在中國持有近 7 百項專利。雅迪是電動兩輪車行業企業中，唯一一家憑藉高效節能電機而獲得國家發改委與財政部聯合發起的「高效節能電機補助資金」支持。

隨著城市不斷發展，堵塞問題已經蔓延到三四線城市。於是，雅迪借機給電動車賦予更多的屬性，例如貼上智慧、輕便、

新能源交通工具等標籤。而帶著這些新標籤的雅迪，上市時甚至被冠以「電動車領域的華為」之稱，寓意其未來將如華為公司那般輝煌。

類似的宣傳造勢是為增加人們的想像力，以此吸引海內外投資者的關注，以及增強對其未來盈利能力的信心。

（二）上市路徑選擇

雅迪上市時，中國經濟環境尚處於下滑氛圍當中，2016 年 A 股排隊等待 IPO 的企業曾達到 7 百多家。若在 A 股進行排隊，在等待 IPO 的過程中，雅迪公司可能面臨淨利潤下滑的尷尬，對上市定價不利。加上由於新能源概念的火熱，滬深兩市主板市場已有較多與新能源汽車有關的公司上市，雅迪很容易被電動汽車行業的巨頭們的聲望所淹沒。所以，A 股市場對於雅迪公司來說不是好的選擇。

（三）基石投資者選擇

雅迪赴港上市時引入兩家基石投資者——香港坤盛投資和啟匯國際投資，合計投資 3 千萬美元，相當於 2.34 億港元，共占發行後總股本的 4.51%。

這兩家機構的實際控股人為中植集團創始人解植錕及其女兒解茹桐。中植集團在電動車電池的技術及設計方面有作投資，與雅迪公司在環保領域有共同理想。中植集團作為雅迪公司的基石投資者，起到護航和背書的作用。

中植集團近年來快速興起，擅長透過突擊入股併購標的，參與專案配套融資等資本運作，形成規模龐大的「中植系」，涉足金融、礦產、投資等產業的龐大企業群。旗下已有多家上市公

司，總規模已達兆元。

（四）加強國際配售

與綠城服務遇到的情形類似，雅迪在公開掛牌前一周，公開發售未獲足額認購，而國際配售已獲得了超額認購，足以彌補公開發售部分的不足。公開發售部分有 1,124.6 萬股畫撥至國際配售，分配給 120 名承配人，使國際配售部分占全球發售股份總數的 91.5%。

◆ 三、上市成效

（一）中國電動車行業第一股

2016 年 5 月 19 日，雅迪集團控股有限公司正式在港交所掛牌，成為中國電動車行業第一股。雅迪此次在香港 IPO 所得款項淨額將達 11.2 億港元，公司計畫將 50% 用於改善分銷及銷售；30% 用於業務拓展，包括擴產及潛在併購；10% 用於研發產品、改善研發設施。

按照此前雅迪發布的預售公告，售價區間為每股 1.72 港元至 2.48 港元。其中占總發售量 10% 的公開發售部分略有不足（約占 1.5%），但國際配售獲得超額認購，彌補公開發售的不足，發行價按招股價下限 1.72 港元定價。

雅迪上市後，股價呈現先抑後揚的走勢。因代表國際包銷商的中信建投未行使超額配股權等因素，雅迪股價短期下挫，但 1 個月後即開始強勢上揚，並一路跑贏恒生指數。

下圖為雅迪控股 2016 年 5 月上市以來的股價走勢（資料更

新至 2017 年 3 月）。

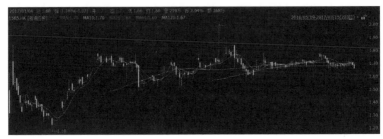

資訊來源：Wind

　　下圖為雅迪控股與恒生指數的走勢比較（資料更新至 2017
年 3 月）

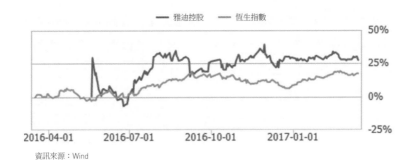

資訊來源：Wind

（二）向國際化邁進

　　選擇香港證券交易所，進入國際資本市場，配合了全球化的
視野和戰略。赴港上市幫助雅迪在實力提升和國際化方面更進一
步，如與美國 Lighting Motors 實現戰略合作，並獲得哥倫比亞

　　境外融資 2：
　　　　20 家企業上市路徑解讀

汽車製造商 Auteco5,070 萬港元的投資。

此外，雅迪還將繼續加深與奧地利的 KISKA、日本松下等廠商之間的合作，以增強在鋰電池等核心零件方面的製造能力。雅迪採用的是電動汽車專用的松下動力型電芯鋰電池，目前全世界採用動力型電芯鋰電池的除了雅迪，只有特斯拉等少數電動汽車企業。

目前，雅迪旗下多款產品已經出口美國、德國等 66 個國家與地區。雅迪兩輪車還出現在義大利米蘭車展上，其進軍海外市場的姿態十分積極。

（三）淨利潤迅速上升

真正優質的企業總會經得起市場的考驗。雖然上市前三年淨利潤分別為人民幣 1.74 億元、2.24 億元和 3.76 億元，雅迪在上市之初也一度遭遇尷尬，不僅公開發售初期認購不足，掛牌當日股價還出現破發。掛牌次日雖有反彈，但雅迪股價後來一路跌至最低時的 1.18 港元。在過去的 8 個月，雅迪股價回升後基本保持高位，最高升至 2.0 港元，在大部分時段裡凌駕於恒生指數之上，且給後者拉出了一個較大的落差。

根據雅迪公司在 2017 年 3 月披露的數字，公司上市後的盈利能力增強。2016 年公司銷售收入保持平穩增長，營業收入 66.62 億元，同比增長 3.6%；尤其淨利潤迅速上升，股東應占淨利潤 4.3 億元，同比增長 15%。

（四）總結與點評

正所謂「未雨而綢繆」，雅迪代表的是雖然「不缺錢」，但面臨戰略提升或轉型的一類企業。這類企業上市不是為了募集資

金本身，而是發展模式升級，產品的核心零件研發、升級，以及國際化發展方向等，都是促使企業上市的動力。

而在一個多品牌林立的行業內，哪家企業率先上市，不僅占據有利的競爭地位，還可能引發行業的洗牌。雅迪控股赴港上市帶給電動車行業影響就是這樣。

雅迪當前的產品體系比較集中，未來有無繼續豐富產品線甚或延伸產業。例如，製造電動汽車的計畫，尚不得而知，而一旦有此戰略考量，與其到時候現啟動IPO，不如提前踏入資本市場，將來一旦有該需求，隨時啟動增發更為高效。

◆ 四、同業企業上市現狀

雅迪在港上市成功，搶先了對手新日，2017 年 4 月，新日股份（603787）正式於中國上海主板 A 股成功上市，成為中國電動車行業繼雅迪之後的第二家上市公司。這兩大品牌的上市，基本形成了中國電動車行業的資本化格局，並強化了兩大品牌的龍頭地位。

新日股份

新日股份主營業務是電動自行車的研發、生產與銷售，也是中國電動車行業的龍頭企業。

新日股份本次發行人民幣普通股（A 股）5,100 萬股，比在香港上市的雅迪少了 2,400 萬股，但由於其每股的發行價高達 6.09 元，預計籌資數額達到 31,059 億元。相較於雅迪，其籌資

額多了近 20 億元。雅迪發行 7,500 萬股，籌資額約為 11.2 億港元，約合人民幣 10 億元左右。

兩大龍頭企業上市之後，今後的競爭重心將在智慧化的產品研發和產品替代上。

新日股份的成功上市，也印證了雅迪赴港上市選擇的正確性。因為，如果雅迪也在 A 股排隊，很難做到領先一步上市，或將錯失產品提升和行業調整的良機。

萬洲國際：
A+H 成為新的世界 5 百強

公司名稱：萬洲國際有限公司

股票代碼：HK 00288

上市板塊：香港主板

所屬行業：食品加工與肉類

成立日期：2006 年 3 月 2 日

註冊資本：5,000,000 USD

註冊地址：PO Box 309, Ugland House Grand Cayman KY1-
1104 Cayman Islands

員工人數：105,000 人

董事長：萬隆

第一股東：雄域投資有限公司（30.10%）

上市時間：2014 年 8 月 5 日

募集資金淨額：152.79 億港元

總市值：870 億港元

萬洲國際的前身是河南省知名肉製品生產商雙匯集團。雙匯集團的前身為漯河肉聯廠，在資本力量的支持下，用 10 年左右的時間成長為世界 5 百強企業。

2006 年，鼎暉投資聯合美國高盛共同斥資 25 億元收購雙匯集團多數股權。2013 年，雙匯併購國際食品公司——史密斯菲爾德而名噪全球，成就了中國對美國企業的一次最大規模的併購案例。如今作為全球最大的豬肉食品企業，萬洲國際在中國、美國市場及歐洲的主要市場均名列首位。公司還持有 Campofrio Food Group,S.A. 的 37% 股權，後者乃泛歐最大的肉製品公司以及全球加工肉製品行業的最大企業之一。

為緩解因鉅資收購史密斯菲爾德而背負的債務壓力，萬洲國際希望儘快上市。收購史密斯菲爾德讓公司背負 70 億美元債務。在經歷了 2014 年 4 月的衝刺 IPO，以及 7 月的方案調整，公司最終在 8 月完成上市過程。

在萬洲國際選擇赴港上市前，雙匯資產體系中的雙匯發展（000895）已於 1998 年年底在深交所上市。萬洲國際是雙匯發展的母公司。

◆ 一、上市背景

（一）大手筆收購

雙匯國際成立於 2007 年，總部設在香港，就是為充分利用香港的資源。2013 年 9 月，雙匯國際收購史密斯菲爾德，該交易是迄今為止中國企業在美最大規模的收購項目，收購金額約為

71 億美元。2014 年 1 月，雙匯國際控股有限公司更名為萬洲國際有限公司。

針對這次更名，萬洲國際董事長萬隆表示，更名反映了公司國際化的業務布局方向。但更名後，雙匯發展及史密斯菲爾德這兩大品牌將繼續以其現有品牌經營業務，旗下消費品品牌也將維持不變。

收購史密斯菲爾德而背負的債務只是萬洲國際急於上市的原因之一。在其 49 億美元貸款中只有 6.8 億美元屬於一年到期的短期借款，有 3.06 億美元屬於 1~2 年期，其餘 40 億美元左右屬於 3 年及以上。那麼未來兩年內，萬洲國際至多有 10 億美元債務待償。而旗下的雙匯發展，年度淨利潤 58.73 億元，即 9.52 億美元，加上史密斯菲爾德的近 2 億美元的淨利潤，萬洲國際還是有較強的債務處理能力。

（二）完善全球產業鏈

收購史密斯菲爾德和 Campofrio Food Group 所帶來的全球協同效應，為萬洲國際增色不少，有助於贏得資本市場信任，今後在全球範圍配置資源，都會進一步提升市場占有率。

豬肉行業的產業鏈包括上游、中游、下游，在收購史密斯菲爾德之前，萬洲國際的前身雙匯在上游環節力量不足。而史密斯菲爾德擁有全產業鏈，收購之後，萬洲國際在美國擁有了大規模的生豬養殖，占據了成本優勢，可擴大供應中國廣闊的豬肉消費市場。

這場轟動全球的收購使萬洲國際坐穩了全球老大地位，全產業鏈布局覆蓋上中下游，以及一體化平臺，在豬肉行業大部分關

鍵環節都獨占鰲頭。尤其是，今後透過對全產業鏈的把握，進行全球化的協調，可以對沖因價格波動所帶來的市場週期和不確定性。

收購完成後，萬洲國際未來的增長戰略，包括增加從美國到亞洲的出口、與史密斯菲爾德在中國開發高端產品等。2016 年，美國豬肉進軍中國市場的消息，令中國豬肉企業警覺，因為除了運輸成本外，美國的規模化養殖形成了成本優勢。從長遠來看，這對提升中國市場供應品質有所促進。

萬洲國際龐大且穩定的全球資產體系得到了評級機構的認可，2016 年惠譽對萬洲國際的長期外幣發行人違約評級、優先無抵押評級均授予「BBB+」評級，評級展望為穩定。

（三）鼎暉資本的 8 年長跑

從另外的層面上來分析，鼎暉等資本已經持有雙匯集團（後為萬洲國際）股份多年，按 2014 年上市計畫，持續持股時間已有 8 年，8 年長跑到了該衝刺的時候，而完成對史密斯菲爾德的收購，對衝刺時間點的到來起到了催化作用。對史密斯菲爾德的收購伴隨著萬洲國際高層股權激勵計畫的實施，計畫完成後，萬隆的持股比例將超過鼎暉而獲得控股權。公開資料顯示，在收購史密斯菲爾德前，鼎暉透過 7 家持股平臺合計持有萬洲國際 38.057% 的股權，董事長萬隆透過雄域公司等持有萬洲國際 42.605% 的股權。加上收購之後給萬隆發行的占萬洲國際 4.9% 的 5.73 億股份，之後萬隆與鼎暉之間新的持股比例為 42.605% 和 38.057%。股權結構發生變化的情況下，儘快上市對於鼎暉來說算是讓渡公司控股權的補償，持股各方都希望透過資本市場來

盡快鎖定一部分收益。

而在完成了這一系列權益平衡之後，萬洲國際將集中精力在全球市場開始爆發。

◆ 二、關鍵努力

（一）第一次衝刺 IPO

2014 年 4 月，萬洲國際在香港公開招股，擬最高集資 411 億港元，為香港 3 年來最大宗 IPO。當時計畫全球發行 36.55 億股，包括 95% 國際配售股份，5% 公開發售，以及另設 15% 超額配股權。按照每股招股價為 8~11.25 港元，本益比在 15~19 倍，募資規模在 292 億 ~411 億港元。包括中銀國際、摩根士丹利、渣打、高盛、瑞銀及星展在內的 20 多家耀眼的國際投資銀行，形成豪華的聯席保薦人團隊。

但這一次的發行計畫未按預期推進，究其原因，與企業自身和產品市場因素有關。當時中國豬肉價格低迷，而併購形成的全球協同效應由於時間短暫尚未充分顯現，加上有外媒報導北美出現「豬流行性下痢」。更多地則與資本市場因素有關：一是在股票定價上未能獲得承銷商的足夠支持；二是當時的資本市場相對低迷，不是最佳的發行窗口；三是高募資金額伴隨著市場對舊股高定價減持的擔憂。萬洲國際計畫發售的股份中 80% 為新股，20% 為舊股，如果發售理想，包括高盛、淡馬錫、鼎暉投資等在內的現有股東可能出售 7.31 億股舊股；加上完成對史密斯菲爾德收購後，包括董事長萬隆在內萬洲國際的兩名高層管理人總

計獲得 8.187 億股股票激勵，這在講究「同股同權」的香港資本市場也平添了投資者的擔憂。

正如資本市場人士所言，公開發售的過程就是擬上市企業與市場對話的過程，這是香港資本市場的特點，而等待下一個發行視窗的出現也是靈活性的體現。

（二）調整方案成功上市

2014 年 7 月，萬洲國際捲土重來，新股發行價格確定為每股 6.20 港元，本益比 11.5 倍，全球發售 25.674 億股，其中國際發售量 24.39 億股，香港地區公開發售為 1.284 億股。

更重要的調整是，萬洲國際取消了存量發行，原有股東承諾不借機出售舊股，公司與鼎暉資本等簽訂了禁售協定，這對準備認購的投資者們算是有了「定心丸」。

在這次公開發售中，萬洲國際獲得約 54 倍超額認購，投資者認購資金暫時形成凍結資金 443 億港元，位居當年港股「凍資王」第五位。最終集資額 159.18 億港元，為當年香港市場第二大融資額。

（三）超額認購下的回撥機制

2014 年 8 月，捲土重來的萬洲國際終於順利闖關，在香港市場公開發售部分獲認購 70.88 億股份，這一次受到了市場的熱烈追捧，超額認購率（投資者實際參與購買金額／預先確定發行金額的比率）達到了 54.22 倍。國際配售方面也是大幅超額認購。這種情況下，萬州國際啟動回撥機制，重新分配後，香港市場公開發售量增加一倍，至 2.57 億股，相當於全球發售可供認購發售量的 10%，此前計畫只占 5%。

◆ 三、上市成效

（一）量產造富

　　萬洲國際上市後，按照上市前制定的股權激勵計畫，總計占萬洲國際上市後總股本約 3.9% 授予 210 名合資格人士，其中含員工 49 名，總計占上市後總股本的約 1.45%。他們成為萬洲國際上市後的第一批獲益者。

　　鼎暉資本等則伺機退出。萬洲國際上市後一年左右，股價在 2014 年年底及 2015 年年底於 4 港元附近形成「雙底」，2016 年之後進入長期的上升階段，股價最高升至 7.21 港元——這給了鼎暉等機構股東帶來了退出機會。雙匯是鼎暉持有時間最長的項目，2016 年 8 月和 10 月，鼎暉分兩次以 6 港元左右的價格減持一部分股權，累計套現 32 億美元。與 2006 年鼎暉聯合高盛共同斥資 25 億元人民幣收購雙匯集團股權時相比，10 年的投資終獲豐碩的回報。兩輪減持之後，鼎暉仍持有萬洲國際 12.94% 的股份。

（二）新的世界 5 百強

　　2016 年 7 月，按照財富中文網發布的最新世界 5 百強排名，萬洲國際名列第 495 位。

　　按照公司在 2017 年 3 月披露的數字，2016 年萬洲國際的淨利潤同比增長 17.1%，達到 10.14 億美元。2016 年，萬洲國際派出的現金總額約為 38.22 億港元，占其同期淨利潤的 48.5%，在中國上市企業中屬慷慨之列。

　　下圖為萬洲國際在港交所掛牌以來的股價走勢（資料更新至

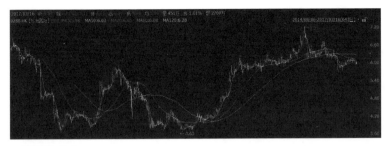

資訊來源：Wind

2017 年 3 月）。

（三）總結與點評

雙匯成功併購史密斯菲爾德令人稱道，更名「萬州國際」一度令社會各界有所不適應，首次衝刺 IPO 曾受到媒體揶揄，但其覆蓋全球產業鏈的龐大規模，加上資本市場的助力，使其站穩了全球豬肉產業的龍頭地位。成功赴港上市時募集的資金量比前一次的計畫總額有所壓縮，成為當年香港市場最大規模的募資行動之一。收購成功加上市成功，使萬洲國際成為新的世界 5 百強企業。

考慮到其在深圳上市的子公司雙匯發展（000895），萬洲國際已經形成了 A+H 融資格局。在業績增長的配合下，未來再融資將更加便利。隨著負債率的下降和分紅的開始，萬洲國際將被更多投資者看好，大部分券商給予買入評級。

萬洲國際留給人們的思考也很多。例如，上市時機要考慮所在行業的全球市場形勢，以及價格、本益比的合理界定等。

◆ 四、同業企業上市現狀

在中國與雙匯產品結構類似的還有雨潤食品和金鑼食品等品牌，其中雨潤已在香港上市，金鑼的母公司大眾食品曾在新加坡上市。

雨潤食品

雨潤集團曾是江蘇規模最大的企業之一。1993 年，賣水果起家的祝義財夫婦在南京成立雨潤肉食品，註冊資本 3 百萬元。自 1999 年起，雨潤低溫肉製品的市場占有率居中國市場第一，最高營業額曾達到近 3 百億元。2014 年，雨潤集團在中國民營企業 5 百強中排名第 8 位，集團年銷售額達千億元規模。

2003 年，隨著國有企業改革改制的步伐，雨潤集團借機重組 10 家大中型國有企業，包括生產「哈爾濱紅腸」的哈爾濱肉聯廠，形成了以華東地區為核心，涵蓋全國的食品產業鏈格局，總資產達 50 億元。資產的壯大產生了資金的需求，2005 年 9 月，雨潤食品集團（HK 01068）在香港公開招股，發行 4.16 億股股份，籌資 15 億港元，加上超額配售和私募階段融資，累計籌集約 24.25 億港元，用於併購和擴充生產能力、擴展銷售網路等。

上市之後的雨潤不僅增加了規模擴張的能力，由於生產能力擴充帶來的規模效益，其盈利水準顯著提升。2009 年 9 月，雨潤食品和雙匯發展的中期報告顯示，雨潤半年淨利潤 8.41 億港元，同比增 36.86%；雙匯半年淨利潤 3.64 億元，同比增長 29.8%。雨潤的盈利增長尤為顯著。2010 年 11 月，頂峰時期的

雨潤股價曾達到 33.7 港元。

　　有意思的是，與雙匯類似，在雨潤的機構投資者名單中，也出現過鼎暉和高盛。同一個產業和類似的機構投資者背景，雨潤的成長一度引發對於雙匯集團赴港上市的猜想。

　　除了食品之外，雨潤還涉足地產、商場、物流、旅遊、金融、建築等產業，多元化意圖明顯。然而多元化發展也帶來不少風險，例如，在地產領域，雖然也曾位列全國 50 強，但與其他地產大鱷們相比，在近兩年房地產市場形勢的變化下，雨潤對市場的把控能力面臨考驗。資產體系分散和過於快速擴張所帶來的債務負擔，使得這家以食品起家的多元化民營企業存在隱憂。當年赴港上市助其實現的輝煌局面如何繼續，人們拭目以待。

　　下圖為雨潤的股價歷史，由此可以看出其曾經有過的輝煌成就。

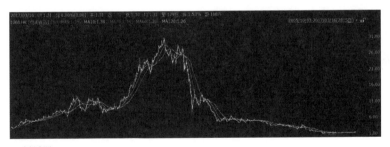

資訊來源：Wind

紅星美凱龍：
明修棧道暗度陳倉的 A+H 路線

公司名稱：紅星美凱龍家居集團股份有限公司

股票代碼：HK 01528

上市板塊：香港主板

所屬行業：家庭裝飾零售

成立日期：2007 年 6 月 18 日

註冊資本：36 億元 CNY

註冊地址：上海

員工人數：17,086 人

董事長：車建興

第一股東：上海紅星美凱龍投資有限公司（68.44%）

上市時間：2015 年 6 月 26 日

募集資金淨額：69 億港元

總市值：332 億港元

紅星美凱龍是中國經營面積最大、商場數目最多、地理覆蓋面積最廣的家居裝飾及傢俱商場營運商。2000 年，公司推出「紅星美凱龍」品牌，並開設首個品牌商場，截至 2014 年年底，商場網路增至 158 個，在中國 26 個省份 115 個城市提供 1 萬 8 千多個產品品牌。「自營商場＋委管商場」的模式，使公司快速擴張。2015 年 6 月，紅星美凱龍在香港上市。

◆ 一、上市訴求

（一）高速擴張

　　紅星美凱龍的前身是 1992 年江蘇常州的紅星傢俱城，創始人為木匠學徒出身的車建興。經過 20 多年發展，公司 2014 年零售總額達到 550 億元，超過其他龍頭企業，在中國家居裝飾及傢俱零售行業名列第一。

　　公司的商業模式包括兩種，除了大量建自營商場之外，從 2007 年起開始發展委託管理商場，這麼做也是為快速擴張。其旗下門市數量以平均每年 10 家左右的速度增長。在 2007 年，紅星美凱龍開始引入外部投資，如華平資本和一些公眾投資者。至上市前，車建興等創始人合計持有 68.4% 股權，華平旗下基金持股 14.3%，管理層持股 2.1%，包括平安大藥房在內的公眾投資者持股 15.1%。

　　近年來，房地產行業市場需求萎縮，中國家居賣場行業競爭激烈，2014 年全國規模以上建材家居賣場累計銷售額同比下降 3.7%。紅星美凱龍正將其發展重心轉移至二三線市場，走的是

逆市擴張路線。

（二）高負債

快速擴張導致資金鏈緊張，2015年中期報告顯示，公司資產負債率為47%。截至2015年6月底，已抵押571.5億元投資物業，占同期已竣工投資物業的100%。其營運資金於2014年12月31日及2015年3月31日分別為人民幣-52.94億元及-64.10億元。所以，在赴港上市前這個時點上，公司面臨著募集資金、緩解資金壓力以及為華平等投資者提供退出管道的雙重訴求。

按照赴港上市公告，紅星美凱龍此次全球發售募集款項40%用於9個新的自營商場，26%用於投資或收購，14%將用於債項融資，10%用於電子商務業務。

「紅星美凱龍在港上市邁出了公司資本戰略國際化第一步」，創始人車建新曾經如此表示。至於其「第二步」如何，也許是「市場戰略的國際化」，且待觀察。

◆ 二、關鍵努力

（一）路徑選擇

紅星美凱龍的上市已籌畫多年。早在2012年12月份，公司就曾向中國證監會申請在A股上海證券交易所（簡稱上交所）上市，並獲證監會受理。當時擬發行數量不超過3.15億股，融資18.5億元，用於家居商場建設以及互聯網家裝平臺等專案。2014年4月，紅星美凱龍刊登發表了A股上市招股書申報稿，似乎一切都在推進中。但2014年7月4日，證監會發布《首次

公開發行股票中止審查和終止審查企業基本資訊情況表》顯示，已受理且預先披露首發企業共 637 家，包括已過會企業 40 家，未過會企業 597 家。而在未過會的企業中，正常審核狀態的僅有 8 家，紅星美凱龍等 589 家企業被列入「中止審查」名單。

按照當年證監會發布的《發行監管問答——關於首次公開發行股票中止審查的情形》，發行人申請文件中記載的財務資料已過有效期的，將中止審查，已過有效期且逾期 3 個月未更新的，將終止審查。也就是說，排隊中的企業必須不斷地更新財務資料，不然就會被「中止審查」甚至「終止審查」。

雖然紅星美凱龍遇到的是「中止審查」而不是「終止審查」，但對於公司和背後的投資者而言仍是當頭一棒。隨後的消息是，紅星美凱龍正在按照證監會的要求，補遞相關資料。但 2015 年 3 月 23 日，紅星美凱龍卻向證監會申請撤回了在 A 股上市的申請。因為只有先撤回 A 股上市申請，才可以向中國證監會遞交赴境外上市的申請。2015 年 5 月 7 日，紅星美凱龍的赴港上市申請獲得中國證監會批准。

後來的發展已經有了答案，2015 年 6 月，紅星美凱龍宣布在香港上市。其放棄 A 股的原因也就再清楚不過了，等了 3 年時間實在不願繼續等下去了，於是它暗度陳倉，啟動了赴港上市的備選計畫。

據統計，在紅星美凱龍轉身赴港上市取得成功的時候，仍在 A 股排隊上市的公司還有 6 百多家。

（二）適應與調整

在紅星美凱龍的上述兩次 IPO 計畫中，擬募集資金總額接

近，但差別之處在於關於老股出售問題的處理。紅星美凱龍在 2014 年 4 月的 A 股招股書申報稿中，準備發行不超過 10 億股，其中包含新股數量不超過 5.3 億股，約占新股發行後總股份的 15%；同時有老股轉售數量不超過 5 億股。但在 H 股上市方案中則不存在老股轉售，只載明發行新股 5.44 億股，約占新股發行後總股本的 15%。

這就體現出擬上市公司對香港市場特點的尊重，以及對香港投資者感受的照顧。對於急於上市的企業來說，只發行新股，有助於減少投資者顧慮，利於發行時的定價以及提高認購階段的踴躍度。

（三）風險控制

2015 年 6 月 16 日，在紅星美凱龍的全球公開發售新聞發布會上，公司方面表示，未來將發掘新的盈利增長點，如家居行業物流，投資 12 家家裝公司等。而當時電商的發展正如火如荼，O2O 概念十分火熱，紅星美凱龍卻沒有主打這一概念，這體現出其謹慎的考量。

在對未來轉型的方向上，紅星美凱龍董事長車建新確實有開拓第二品牌紅星歐洛麗雅，以及加快 O2O 布局、涉足互聯網金融 P2P、加大電商嘗試等計畫，但對於以傳統傢俱商場起家的紅星美凱龍來說，這些都屬嘗試階段，還不是業務的重點，可以展示的亮點不算多，專門凸顯的話容易沖淡主題。而上市成功之後，紅星美凱龍打好了在全國擴張的基礎，再借鑑其他電商的經驗，探索 O2O 模式，無疑就穩妥多了。

（四）再沖 A 股

按照兩地的資本市場制度，在港發行 H 股與在中國發行 A 股並不互相排斥。很多公司先在港發行 H 股，待時機成熟時，再在中國發行 A 股，實現兩地上市。而紅星美凱龍在港發行成功後，其擴張趨勢和資金壓力如果仍有持續，不排除繼續在中國上市的可能。所以，市場不斷傳出相關的猜測。

2016 年 5 月，有多家公司披露了在 A 股的招股說明書，其中包括已經在港掛牌上市的紅星美凱龍。再戰 A 股，紅星美凱龍真的又來了！雖然此時，中國證監會受理 782 家，包括過會 120 家，未過會 662 家，未過會企業中待審 637 家，中止 25 家，但對於已經在港成功上市的紅星美凱龍來說，這一次可以安心地排隊了。

按照招股說明書，本次 A 股 IPO 計畫，紅星美凱龍擬募集 62.5 億元。紅星美凱龍凸顯了「市場占有率中國第一」的地位，2013 年至 2015 年期間，紅星美凱龍的商場數量由 2013 年年末的 129 家增加至 2015 年年末的 177 家，年複合增長率約 17.14%。這次的大規模募資，開始大膽透露向互聯網轉型的嘗試，募集資金中將有 5 億元投向互聯網家裝。

一年左右衝刺兩地資本市場，如若成功實現在 A 股和 H 股兩地上市，紅星美凱龍將左右逢源，優化融資成本。

◆ 三、上市成效

（一）發行模式與市場表現

2015 年，紅星美凱龍此次在港發行招股價為每股 11.18~13.28 港元，計畫發行 5.44 億股，集資約 60.77 億 ~72.19

億港元。當時在總體經濟趨勢下滑，而紅星美凱龍實現了以發行價格區間上限定價，實際發行價為 13.28 港元，並獲得了大幅超額認購，其中公開發售部分實現了 5.58 倍的認購。

截至掛牌之日，紅星美凱龍實現發售所得款項淨額約 69 億港元，相當於 54.44 元人民幣（當時匯率中間價 1 港元對人民幣 0.789 元），與 2014 年 7 月在 A 股的計畫相比，實際募集資金還高於在 A 股的計畫 44.5 億元募集資金額度。

在這次發售中，機構投資者積極參與，家電行業龍頭格力電器、山東省國有資產投資控股有限公司、中國建材股份有限公司以及兩家美國對沖基金 Falcon Edge 和 BosValen 充當了基石投資者，共計認購 3.3 億美元（約 25.58 億港元）。

紅星美凱龍在交易所掛牌後，股價曾走低至 5.58 港元，但從 2016 年 3 月反彈，至今基本上一路跑贏了恒生指數。

下圖為紅星美凱龍股價與恒生指數之間的比較（資料更新至 2017 年 3 月）。

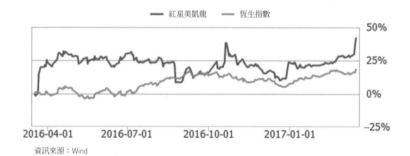

資訊來源：Wind

（二）股東收益

紅星美凱龍赴港上市成功後，按招股價計算，車建興夫婦持股市值約 303 億港元，約合 242 億元人民幣。

華平資本從 2007 年年底開始投資紅星美凱龍，陸續參與了五期投資，累計投入 16 億元左右，歷時 8 年，帳面回報近 4 倍。紅星美凱龍上市後，先期機構投資者的股份在一年鎖定期過後可擇機退出。

比較蹊蹺的是，在 2015 年年初有不少公眾投資者選擇了提前退出紅星美凱龍。據分析，這種情況應是當時在 A 股的上市前景不明朗所致，也與中國房地產市場的低迷有關。因為在公司的資產中有大量的地產和物業資產占比，市場低迷使得公司的資產估值有折扣。在這種情況下，如果某些投資的退出週期到期，就會出現急於退出的情況。一般來說，人民幣基金的存續期大約 3~5 年，如果所投的項目不能在 3~5 年內上市，那麼這些投資的退出就變得困難。總之，在所有的因素之上，還是 A 股排隊進程的不確定性使然。

據瞭解，這部分投資者的退出大多是按平價，即基本按照幾年前入股時的帳面價格。在這個節骨眼上，大股東出資約 20 億元受讓公眾投資者股份，並勇於放棄 A 股上市進程，轉赴香港。而已經退出的這部分投資者未能分享後來的上市成果，不免令人歎息。

而華平的處境不同，因為美元基金的存續期一般為 8~10年，有較長的等待時限。這就是為什麼在各家上市公司背後的資本力量中，國際資本能夠伴隨較長時期的緣故。更重要的是，成

功上市讓這家行業龍頭企業的擴張步伐走得更穩。此外，紅星美凱龍還將借機開拓第二品牌，以及加快 O2O 布局。

紅星美凱上市後當年首份年度業績十分靚麗：2015 年營業收入 87.56 億元，同比增 10.3%；淨利潤 25.53 億元，漲幅 20.1%。

（三）總結與點評

事實證明，紅星美凱龍採取明修棧道——申請 A 股上市，適時暗度陳倉——轉赴香港的做法是比較明智的。在經歷了一段時間的暫停之後，2015 年 11 月證監會宣布 IPO 重啟，但也只把機會給了少數的一些企業，涉及 6 月已獲 IPO 批准但暫緩發行的 28 家。如果紅星美凱龍沒有在香港上市，不見得能夠有幸列入其中。而在港上市成功之後，今後仍有機會繼續在 A 股申請，從而實現兩地上市。

此外，站在早期投資者的角度，如果能夠預見紅星美凱龍赴港上市的前景，而伴隨到那一天的話，將有豐厚收益，各種原因導致的提前退出留下的只是歎息。

紅星美凱龍的案例充分展示了 A 股和 H 股這兩個通道之間的差異。A 股由於本益比高，所以有很多企業排隊，但由於上市的資格受控於證監會的審批，所以機會有限，加上「時開時閉」的審批視窗並未可預見性，使得在 A 股排隊常常要看運氣的成分。而 H 股通道相對來說就比較有可預見性，雖然也需要經過交易所的「審核」，但在這種註冊制制度下的「審核」主要是合規審核，不會因突然發生的 IPO 暫停而導致上市過程延宕。

紅星美凱龍在香港上市以來的股價走勢如下圖所示（資料更

新至 2017 年 3 月）。

資訊來源：Wind

◆ 四、同業企業上市現狀

在中國的家居行業，目前已經上市的如宜華木業、索菲亞、美克家居、曲美家居等，這些多屬有自有傢俱品牌的企業，其連鎖店面基本都是專賣店。與紅星美凱龍最為相近的是居然之家，但後者尚未披露上市計畫。比較紅星美凱龍與居然之家的發展差異，可看出是否借力資本的不同。另外一家知名家居商場——外資控股的宜家家居，因其企業文化和盈利模式的獨特性，其堅持「不上市」的發展戰略對於中國企業來說並不具備太大的參考意義。

（一）居然之家：如何超越紅星美凱龍

2016 年年底，家居商場居然之家宣布其今後 5~10 年總體發展目標：5 年內市場銷售額超過 1 千億元，利潤 50 億元；10 年內市場銷售超過 2 千億元，利潤 1 百億元。從居然之家這總體發展目標來看，其想要超越紅星美凱龍的意願十分明顯。

到 2016 年 10 月，紅星美凱龍已有店面 181 家，其中自營店面 56 家、委管商場 125 家。居然之家已開店面 144 家，不少是新開店面，無論在店面數量、收益等方面，紅星美凱龍都已占了上風。

紅星美凱龍的快速發展與 2015 年在香港成功上市有很大關係，而 2016 年公司又再謀 A 股上市。這讓尚未公開上市計畫的居然之家不能不著急。有分析人士認為，種種緣由，將促使居然之家加速推進 IPO 的進程 2017 年年初，在居然之家公司的年會上，董事長汪林朋高調宣稱，2016 年新增店面 37 家，擴張速度超前。重資產模式擴張，顯示出為上市做準備的意圖。

據透露，居然之家 2016 年總體市場銷售額 489 億元，同比增長 23.5%；2017 年銷售目標是 6 百億元。但與競爭對手紅星美凱龍相比，居然之家還是慢了不少。據紅星美凱龍 2015 年年報，這年銷售額已經達到 605 億元，市場占有率為 11.09%，緊隨其後的居然之家市場占有率為 7.26%。2016 年上半年，紅星美凱龍的淨盈利率高達 29.9%。也就是說，紅星美凱龍比居然之家領先了兩年。

當然，厚積而薄發，一旦居然之家實現 IPO，紅星美凱龍又將面臨什麼樣的挑戰？

（二）諾華傢俱的國際化之路

傢俱行業有一家「小而美」的企業，規模不算大，但發展較穩，國際化之路有聲有色，那就是東莞的諾華傢俱。

2014 年 7 月 2 日，諾華傢俱有限公司在美國那斯達克交易中心敲鐘，成為首家登陸該市場的中國傢俱企業。

諾華傢俱（美股 NVFY）於 1991 年在東莞創辦，在金融危機期間也遇到過衝擊，其透過轉內銷打品牌戰略的成功實施得到飛躍式發展，再轉向國際化，找到更大的發展空間。

　　諾華傢俱算是同行業內走電子商務路線的先驅者，早在 2011 年就自建電商平臺諾華生活網，2013 年又在天貓、京東等電商平臺開設旗艦店，短時間內以低成本拓展內銷市場，打開新的局面。

　　作為一家港資企業，諾華傢俱一直有國際化的追求，2011 年 6 月，諾華傢俱公司赴美 OTCBB 融資成功，伴隨海外知名度提升，其海外銷售陣地漸趨穩固。公司隨後出資收購一家美國中型傢俱銷售公司及其傢俱品牌 Diamond Sofa，實現華麗轉型——海外銷售自有品牌，掌握了市場的主動權。

　　2014 年 7 月，諾華傢俱實現新的飛躍，成功轉到那斯達克市場。雖然國際金融危機的影響還在深化，但從 2016 年起，諾華的業績和股價都有明顯改善。諾華傢俱（NVFY）過去一年的股價走勢如下圖所示（更新到 2017 年 3 月）。

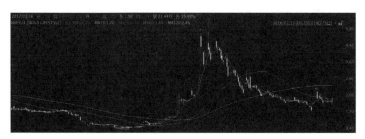

資訊來源：Wind

福耀玻璃：
A+H 雙贏，衝刺全球老大

公司名稱：福耀玻璃工業集團股份有限公司

股票代碼：HK 03606、SH 600660

所屬行業：汽車用玻璃製造

成立日期：1991 年 7 月 19 日

註冊資本：25 億元 CNY

註冊地址：福建省福清市融僑經濟技術開發區

員工人數：26,109 人

董事長：曹德旺

第一股東：三益發展有限公司（15.57%）

上市時間：2015 年 3 月 30 日（H 股）

募集資金淨額：70.59 億港元

總市值：591 億港元

福耀玻璃是專注於汽車玻璃生產的供應商，主要從事浮法玻璃及汽車用玻璃製品的生產及銷售，產品配套中國汽車品牌，並成為德國奧迪、德國福斯、韓國現代、澳洲 Holden、日本鈴木、日本三菱、捷克 Tucson 的合格供應商。

根據財務顧問公司的報告，福耀玻璃工業集團股份有限公司是中國最大、世界第二大的汽車玻璃生產商，是少數同時獲得國際配套客戶認可並獲得四大車系認證的生產商。公司位於中國 8 個省的 12 個生產基地可全面覆蓋中國主要的汽車生產基地。

福耀玻璃已於 1993 年登陸上交所，但在資金饑渴的擴張階段，公司在 A 股增發的計畫卻頻頻受挫，為配合開拓全球市場，於 2015 年赴港上市。

◆ 一、上市訴求

1983 年，身為福清市高山鎮異型玻璃廠採購員的曹德旺，承包了這個瀕臨倒閉的小廠，開始瞄準快速成長的汽車玻璃產業。10 年後，這家小廠成為一汽捷達、二汽雪鐵龍等 84 家汽車製造廠的配套供應商，中國市場占有率達 40% 以上。1993 年，福耀玻璃在上交所上市，股票代碼為 600660，從證券市場募集 1,153 億元，支撐了那個階段的發展所需。

2001 年年底，中國加入世貿組織，福耀玻璃隨即受到來自加拿大的反傾銷調查，但福耀玻璃積極應訴，贏得了中國企業的「反反傾銷勝利第一案」。而福耀玻璃應對美國方面的反傾銷官司則跨 2001~2005 年，花費公司一億多元，才最終打贏。福耀

玻璃因狀告美國商務部並贏得勝利而舉世聞名。官司打贏之後，福耀玻璃決心要繼續進軍美國市場，甚至要把工廠建到美國去。

至 2013 年福耀玻璃擬赴港發行 H 股前，其中國市場占有率達 63%，尤其在 OEM 代工市場領域占有率達 70%，生產基地已覆蓋中國各大汽車產業基地。而在海外，其市場占有率僅 5% 左右，其中 OEM 方式的市場占有率僅 3%。而不論是境內還是海外，市場的需求還在持續增長，空間都還很大。福耀玻璃赴港上市正是為配合其拓展全球市場的需要。

近幾年來，福耀玻璃的全球市場布局正在加快落地。2011 年，福耀投資 2 億美元在俄羅斯建廠，主要供應俄羅斯市場，並承擔一部分針對歐洲市場的承擔汽車玻璃上游生產環節。俄羅斯工廠剛建成沒多久，按照與美國通用汽車（GM）的約定，2014 年福耀公司將開始在美國密西根州投資 4 億美元建廠；2015 年，福耀公司再在美國俄亥俄州投資 6 億美元建設全球最大的汽車玻璃單體工廠，此為中資企業在該州的最大投資額。至此，福耀公司已在美投資達 10 億美元。2016 年，福耀又籌畫在德國建廠，以近距離地滿足 BMW 寶馬、Land Rover 路虎等歐洲汽車巨頭的需求。

2017 年春節前後曾有傳聞說「曹德旺跑了」，但這只是個玩笑，真實情況是「曹德旺跑滿全世界建廠」。這背後，是福耀「貼近市場，靠攏服務廠商和消費者」的戰略。

在中國，福耀也在繼續興建新廠。2015 年 4 月，計畫投資 10 億元的福耀汽車玻璃生產基地落戶天津；2016 年 11 月，福耀在遼寧簽約規畫新的專案；此外，有消息顯示福耀 2016 年還

在蘇州工業園區取得土地使用權，擬投資 10 億元建廠。

這麼多專案所需總投資規模，粗略算來大概有 2 百億元，單靠公司的自有資金難以實現。福耀玻璃 2014 年、2015 年、2016 年這三年的淨利潤分別高達 22.2 億元、26.05 億元、31.44 億元。雖然利潤豐厚，但對於重資產模式發展的福耀玻璃，仍有向資本市場融資的訴求。

在不能在 A 股實現增發的情況下，福耀玻璃計畫興建的專案只能依靠自有資金、銀行借款和發行短期融資券，資本結構難以優化，財務成本持續上升。據瞭解，福耀玻璃赴港上市前，其高速擴張持續以較高的資產負債率為代價，流動性負債高於流動資產，流動比率和速動比率分別在 0.88 和 0.40 左右。

◆ 二、關鍵努力

（一）路徑選擇：A 股增發屢受挫，赴港發行 H 股

公司在 A 股上市很早，但募集到資金有限。2003 年，福耀玻璃完成一次增發，募集資金 5.8 億元，用於產能擴建和技術改造。但 2005 年後，福耀玻璃就再也沒有實現股權融資，曾三次試圖在 A 股增發，均在中途流產。也就是說，在 A 股上市多年，福耀玻璃只募集到了 6.95 億元。

2005 年 5 月，福耀玻璃擬增發不超過 1.4 億股，募資資金不超過 13.3 億元，但這一方案在臨時股東大會上遭到公眾股東否決。2007 年，福耀玻璃擬向高盛汽車玻璃公司定向增發 1.2 億股，募集資金 8.9 億元，這一方案先是在 8 月獲得了商務部批

准，但隨後在 11 月遭到發審委否決，原因是「增發價與股價相差懸殊」。

2008 年 2 月，福耀玻璃重啟再融資計畫，擬公開發行不超過 1 億股。在當時，增發曾被認為「條件成熟、勝券在握」，因為福耀玻璃對投資者比較「慷慨」，累計總派息額達 7 億元，超過總融資額；並且，在前一個交易日公司股價達到了當時的歷史最高點 12.67 元，為增發創造了價位支撐。但 25 日消息公布當天，福耀玻璃股價下跌 5.49%，次日再跌 6.12%，中間一度接近跌停。當時的氛圍，因中國平安和浦發銀行的大規模融資計畫，市場已經一片風聲鶴唳。28 日，公司緊急召開股東會議，這次的增發努力只能宣告中止。

下圖為福耀玻璃（600660）在 2008 年 2 月 25 日增發計畫公布前的 A 股股價走勢（其中的高點 12.67 元為前一個交易日）。

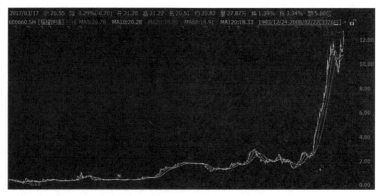

資訊來源：Wind

下圖白色方框內為截取了福耀玻璃（600660）2008 年 2 月

境外融資 2：
20 家企業上市路徑解讀

25 日增發計畫公布前後的 A 股股價劇烈波動（其中的高點 12.67 元為增發計畫公布前一個交易日）。

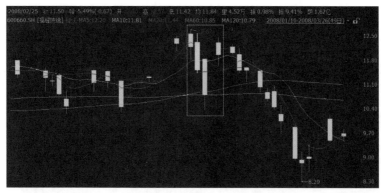

資訊來源：Wind

　　隨後的股價在維持了 2 個交易日的反彈價位之後，在當年大部分時段處於跌勢，10 月 30 日探至 2.41 元低位。除了 A 股市場的總體低迷因素之外，從投資者的心理角度，對於放棄增發之後的福耀玻璃 A 股更是帶著謹慎心態。在 2008 年至 2014 年這 6 年多的時間裡，福耀玻璃的 A 股股價沒能再為籌畫增發而形成新的價位支撐，最高僅至 10 元左右。直到 2015 年年初，福耀玻璃擬赴港上市的前景明朗後，才重返 12 元以上。

　　2013 年 9 月，福耀玻璃籌畫赴港上市，23 日召開股東大會審議有關 H 股發行議案。這次發行募資用途，將主要用於在俄羅斯、歐洲、美國等地區新建汽車玻璃及浮法玻璃生產基地等。按照當時的計畫，本次 H 股發行不超過 4.4 億股，募集資金總額約 34 億元。換了個融資環境，這一次的前景將變得明朗。

下圖白色方框內為福耀玻璃（600660）在 2008 年 2 月 28 日宣布放棄增發計畫之後的 A 股股價走勢（方框右端的時點為 2013 年 9 月，赴港上市計畫首次在董事會審議）。

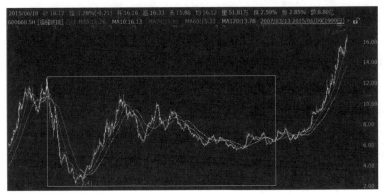

資訊來源：Wind

（二）調整與控制：發行時機的選擇

其實自 2011 年以來，福耀玻璃聘請的董事或獨立董事中具有資本運作經驗的人數就開始上升，這被認為是為海外擴張和上市做準備。2013 年 9 月 24 日，福耀玻璃發布擬發行 H 股公告，當時預計大約在 2014 年中期即可完成發行計畫。而到 2015 年 3 月才在港交所正式掛牌，中間卻隔了長達 17 個月。這 17 個月來福耀玻璃在等什麼呢？分析期間的市場動向，可發現一些端倪。

2013 年 9 月 24 日擬發行 H 股的公告發布時，福耀玻璃的 A 股股價和本益比（TTM）都處於低位：公告前一日收盤價為 7.8 元，本益比在 10 倍以下，大約徘徊在 7~9 倍之間。若照此估算，其發行 4.4 億股 H 股，實際募資總額約 34 億元。2014 年年底，

其 A 股本益比走高突破了 10，至 2015 年 2 月達到了 12 倍左右，此時加速赴港上市進程屬於合理。

到 2015 年 3 月份福耀玻璃 H 股公開發售和掛牌時，A 股本益比超過了 13 接近 14 倍，A 股股價也升到了 15 元左右，為當時的歷史最高位。此時此刻，H 股發行的最佳時機來臨，於是福耀玻璃果斷完成 H 股發行。此時參照 A 股的股價和本益比對 H 股發行價進行測算，可收穫更多的募集資金額度。後來的實際發售情況，所得款項淨額約 70.6 億港元，相當於人民幣 55.69 億元，比之前的預估額多出 60% 以上。

H 股發行之後的 5 個月，福耀玻璃 A 股價格出現了階段性的下挫，最低至 11 元左右，之後又轉入持續升勢。因此，回頭來看，福耀玻璃對 H 股發行時機的選擇較好地兼顧了 A 股的市場表現，儘量減少了對 A 股投資者信心的影響，從而實現了 A+H

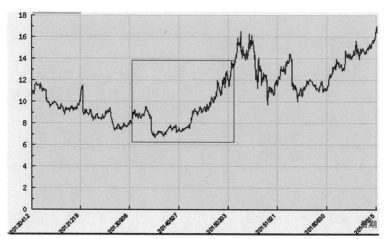

資訊來源：新浪財經

的雙贏。

上圖為福耀玻璃 A 股的本益比（TTM）變化（方框左側為
2013 年 9 月 24 日發布 H 股發行計畫時，右側為 2015 年 3 月實
際赴港發行時）。

（三）發行策略：積極引入基石投資者

這次發行受到了機構投資者的歡迎，包括高領資本在內的
8 家基石投資者認購占 39%。其中高領資本認購 1 億美元，占
10.5%。

在正式發行前，福耀玻璃及其合作夥伴積極進行市場推介，
鎖定了來自國際知名長線基金、對沖基金、QDII、企業及高淨值
個人客戶的大量訂單。這對於圓滿完成發行計畫起到了較好的支
撐作用。

◆ 三、上市成效

（一）發行效果與市場表現

福耀玻璃發售 H 股總數為 4.4 億股，占發行後公司總股份的
不超過 18%。其中，香港投資者占 10%，國際發售占 90%，最
終募集資金總額 73.9 億港元，淨額 70.6 億港元。

2015 年 3 月 30 日，福耀玻璃在香港首個交易日表現活躍，
收盤價 19 港元，比 16.80 港元招股價上漲 13.1%；全日交投量
達 1.71 億股，總成交額約 32.42 億港元。此後，福耀玻璃 H 股
股價經歷了約一年的波動，自 2016 年 7 月突破發行價上揚，跑
贏恒生指數，一路上漲，最高至 25.55 港元。

下圖為福耀玻璃（HK 03606）在港上市以來的股價走勢（資料更新至 2017 年 3 月）。

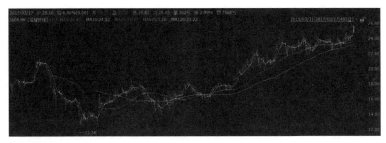

資訊來源：Wind

下圖為福耀玻璃（HK 03606）和恒生指數的走勢比較（資料更新至 2017 年 3 月）。

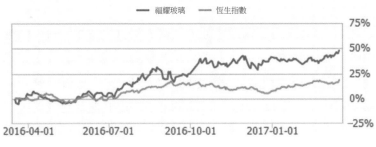

資訊來源：Wind

（二）股東收益

目前，福耀玻璃 A 股的總市值約 524 億元，H 股總市值約 591 億港元。創始人曹德旺透過其所控制的三益發展有限公司、

河仁慈善基金會、耀華工業村、鴻僑海外等，持有福耀玻璃 29% 左右股權。

2017 年 3 月，「因家庭和身體因素」辭職的福耀玻璃總經理左敏，持有福耀玻璃 A 股 1,600 萬股，按照 3 月 16 日 21.25 元收盤價計算，總市值 3.4 億元。

由於福耀玻璃是在快速擴張過程中赴港上市，因此，上市過程並未出現明顯的機構堅持。至 2016 年年末，機構投資者仍在增持，持股量占流通股的比例達 57.1%。

（三）刺激 A 股上漲

儘管 A+H 兩地上市會導致攤薄公司的每股收益，但發行 H 股方案的提前披露，有助於修正投資者對公司的未來成長性的預期，所以，福耀玻璃赴港上市的計畫，其實是刺激了其在 A 股的股價上漲，使得延續持有公司 A 股股票的投資者們享受了更高的溢價。

在 2013 年 9 月公司即將赴港上市的消息披露後當日，福耀玻璃股價從開盤的 7.8 元大漲 10.00% 至 8.58 元漲停報收，比此前最低時的股價實現 56 倍漲幅（1994 年 7 月 29 日曾至歷史最低點 0.15 元）；之後又持續了一年多的漲勢。H 股發行成功後，福耀玻璃 A 股股價經歷了半年左右波動後，再度持續一年左右漲勢，直到 2017 年 3 月中旬達到 21.47 元的歷史高位。

下圖白色方框內為福耀玻璃赴港上市計畫公布後的 A 股（600660）股價走勢（方框左端的時點為 2013 年 9 月赴港上市計畫首次在董事會審議時）。

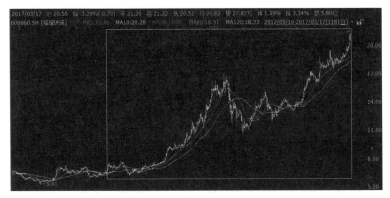

（四）助力衝刺全球老大

赴港上市幫助福耀玻璃暫時緩解了在全球各地擴張造成的資金饑渴，並讓更多國際汽車廠商和投資者充分瞭解福耀。加上赴港上市後於 2016 年取得的優良業績，使其在歐洲等地已經建成的新廠有了投產、增產的後勁。

福耀玻璃赴港上市所募集資金的 35% 將用於美國汽車玻璃生產線，30% 和 15% 用於在俄羅斯的汽車玻璃新廠二期和浮法玻璃廠，其餘 20% 用於補充流動資金及償還銀行貸款。

2016 年，福耀玻璃在大舉建廠的同時仍實現了耀眼的業績，年銷售額達 166 億元，2015 年增長 23%，淨利潤達 31 億元，增長近 21%。由於受加大在美國投資的影響，淨利潤增長率略低於營收增長。如果納入當年在美投資部分，福耀玻璃淨利潤達 40 億元。

而在赴港上市的前一年，2014 年年報營收 129.28 億元，同

比增長 12.41%，淨利潤 22.20 億元。也就是說，其 2016 年的盈利能力比 2014 年多了一倍。

這兩年，福耀玻璃的海外項目明顯提速。2017 年年初，曹德旺透露，當年計畫投資 14 億元擴大在俄羅斯、歐洲（德國為主）和美國的產量。其中約 7 億元用於支持在德國海德堡興建的新廠，以滿足戴姆勒、大眾、奧迪、賓利、捷豹、路虎等歐洲車商的採購需求。在俄羅斯的工廠當年已可實現 3 百萬套汽車玻璃的產能。其俄羅斯工廠作為歐洲市場的基地之一，三分之二的產品供應俄羅斯之外的歐洲地區。

業內分析，福耀玻璃有勇於當全球老大的理想，照現在的趨勢發展下去，距離這一理想已經越來越近了。「福耀很快就會成為全球第一，很快！」2015 年 4 月赴港發行成功後不久，曹德旺曾經如此對外界宣稱。

（五）總結與點評

福耀玻璃是一家值得業內人士學習的企業，不僅因為它積極作為、進軍全球市場為民族爭光，更因為這家企業「從不向誰送禮」（曹德旺語），卻慷慨回報投資者、回報社會，更因為這家企業在資本市場上積極爭取，在 A 股三次增發嘗試受挫的情況下靈活轉向，開啟赴港上市新通道。在赴港上市的過程中，發行時機的選擇、定價的策略等方面都是可圈可點，能夠兼顧 A+H 兩地投資者的感受，既贏得了投資者的信任，又收穫了超預期的支持。

相較之下，香港等地的資本市場更具大浪淘沙的功能，能給優質企業以更為靈活的展示機會。已經實現 A+H 兩地上市的福

耀玻璃今後再有融資需求，啟動增發計畫將更為便利。此外，赴港上市幫助公司進一步贏得國際聲譽，利於加速海外擴張進程。總之，在資本市場助力下，福耀玻璃成為玻璃行業全球龍頭的理想完全可期。

◆ 四、同業企業上市現狀

信義玻璃是福耀玻璃的同業競爭對手，其登陸香港資本市場的時間比福耀玻璃早了 10 年，並且更進一步的是，其旗下的子公司紛紛分拆上市，進而形成了一系列的上市子公司。如 2016 年 7 月再在香港創業板上市，從而實現了在香港主板和創業板的雙掛牌。

信義玻璃（HK 00868）：「信義系」上市公司成群
信義玻璃的發展大致可分為以下三個階段：
一是赴港上市前。1988 年深圳信義汽車玻璃有限公司成立，之後努力往國際化方向發展，信義玻璃（北美）有限公司於 1997 年在加拿大安大略省成立，以開拓美國汽車玻璃產品市場；同時相對於福耀玻璃稍微顯得多元化，1998 年開始進入建築玻璃領域。
二是 2005 年在香港主板上市，加速在海內外的擴張，在德國和日本建廠。作為玻璃行業龍頭企業，信義玻璃被納入香港恒生指數。信義玻璃未能像福耀玻璃那樣早在 1993 年就在 A 股上市，原因容易理解，因為那個時代在 A 股上市往往不是取決於企

業自身的意願，加上所募集的資金也有限。

　　三是子公司分拆上市。2007 年信義玻璃進入太陽能光伏玻璃產業，後來這塊業務單獨組建為信義光能（HK 00968），並於 2013 年 12 月在香港主板上市。信義玻璃集團在香港的汽車玻璃業務——簡稱「信義香港」（HK 08328）亦作為分拆子公司，於 2016 年 7 月在香港創業板上市。至此，信義集團旗下有了三個上市公司。

　　信義玻璃（信義集團）一家為何要搞這麼多上市公司？這是怎樣的一種發展邏輯？

　　先看新近上市的「信義香港」（HK 08328），業務相對獨特，是在香港本地提供垂直服務，在香港 40 多家汽車玻璃維修及更換服務提供商中，2015 年占 19.7% 的市場占有率，排名第二。面對激烈的市場競爭，信義香港公司擬透過擴充現有服務中心、開設新服務中心及擴大車隊服務團隊來提升公司的服務能力。這些與母公司信義玻璃（HK 00868）的全球戰略既不同質、亦不同步，分拆發展更為合理。分拆完成後，信義香港繼續專注於香港本地業務，母公司信義玻璃繼續在針對全球市場從事浮法玻璃、汽車玻璃及節能建築玻璃業務。

　　信義光能（HK 00968）三年前從母公司信義玻璃分拆獨立上市，也是一樣的道理。信義光能從事太陽能玻璃產品生產及銷售，與母公司信義玻璃的汽車玻璃業務相比，屬於不同的細分領域。

　　更有消息稱，信義光能可能在 2017 年再分拆出信義能源上市，因為後者專注於興建發電站。如此一來，信義玻璃旗下將有

三家子公司上市，加上母公司本身，四家上市公司組成的「信義系」呼之欲出。

眾所周知，每增加一家上市公司，就得多承擔一塊監管費用，而信義玻璃旗下的幾個分拆上市的子公司的市值都不是很高，紛紛獨立上市是否便於管理？該問題值得深思。

「信義系」幾家公司的市值等資訊詳見下表（資料更新至 2017 年 3 月）。

	信義玻璃 （HK 00868）	信義光能 （HK 00968）	信義香港 （HK 08328）	信義能源
上市時間	2005 年 2 月	2013 年 12 月	2016 年 7 月	……
主板／創業板	香港主板	香港主板	香港創業板	……
總市值	273 億港元	178 億港元	8.59 億港元	……
總股本	38.96 億	67.49 億	5.40 億	……
最新股價	7 港元	2.64 港元	1.59 港元	……
本益比（TTM）	8.5 倍	9 倍	13631.4 倍	……

資料來源：Wind

「信義系」的出現，是香港資本市場自由度的一個證明。而聯想到中國企業不時出現的赴港借殼上市消息，如國家核電的赴港借殼上市計畫、海信的赴港借殼上市計畫等等，莫非「信義系」是在下另外一盤「很大的棋」？據彭博彙編資料顯示，2015年，有 45 家香港上市公司出售多數股權，完成所有權變更。同期，很多尚在虧損的香港上市公司的股價也紛紛飆升。

火岩控股：
香港創業板的遊戲行業新秀

公司名稱：火岩控股有限公司

股票代碼：HK 08345

所屬行業：家庭娛樂軟體

成立日期：2014 年 11 月 3 日

註冊資本：500 萬港元

註冊地址：開曼群島

員工人數：91 人

董事長：張岩

第一股東：薩弗隆國際有限公司（36.75%）

上市時間：2016 年 2 月 18 日

募集資金淨額：2,890 萬港元

總市值：4.80 億港元

火岩控股是一家專業的電子遊戲開發商，總部位於深圳，專門針對全球玩家的網頁遊戲及行動裝置遊戲從事開發。2011 年 3 月，公司的前身──深圳火元素成立，致力於首款遊戲研發；2012 年 3 月，以商業化方式推出其首款作品──網頁遊戲王者召喚系列的簡體中文版。除中文外，產品還以英文、日文、法文、德文、葡萄牙文、越南文、印尼文、俄文等版本出現，並授權在全球各地營運。

公司採用的是免費暢玩、收費升級的商業模式。玩家可直接在網頁上登錄遊戲帳號，或自協力廠商互聯網平臺（例如，蘋果應用商店或谷歌應用商店）下載行動裝置遊戲進行暢玩。倘若玩家欲提升遊戲體驗，可向授權營運商購買代幣，代幣可兌換為遊戲幣，用於獲得各種虛擬物品與升級功能，以及獲得更具挑戰性的新任務。

火岩控股的總股本雖小，募集資金規模也不大，但其赴港上市過程對新興的科技類公司較有借鑑意義。

◆ 一、上市訴求

遊戲行業的激烈競爭、玩家對於新體驗的追求、手機遊戲和 VR（一種虛擬實境技術）的興起等因素，促使遊戲開發者必須不斷地將產品進行更新換代。

（一）行業格局變化

一直到 2016 年 2 月赴港上市前，截至 2015 年 7 月的資料，火岩控股公司絕大部分收入源自王者召喚及英雄皇冠遊戲系列。

其中，王者召喚遊戲系列的收入占公司總收入的 66.0%，英雄皇冠及姬戰三國遊戲系列所貢獻的收入分別占公司總收入的 32.3% 與 1.7%。

由此可以看出，公司的業務結構存在以下挑戰：一是產品的單一性。由於絕大部分收入源自王者召喚及英雄皇冠遊戲系列，故現有自主開發遊戲出現任何不利情況或會對業務、財務狀況及經營業績造成重大不利影響。

二是以網頁遊戲為主的產品形式受到行業格局調整的衝擊，包括網路遊戲市場整體上隨人口紅利的減弱，增速在 2015 年之後將放緩，以及網頁遊戲產品形式在整體的網路遊戲市場中的占有率伴隨行動端遊戲的增長而略有下降。

下圖顯示的是 2015 年前後中國網頁遊戲市場規模的變化趨勢。

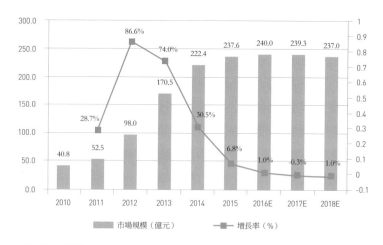

資料來源：智研諮詢

下圖顯示的是 2015 年前後中國遊戲行業的結構性變化趨勢。

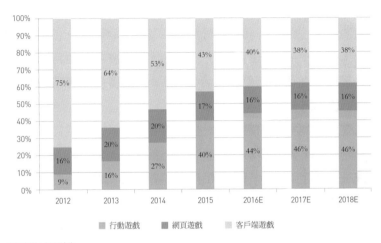

資料來源：智研諮詢

　　在這種情況下，公司需要在維持王者召喚系列遊戲玩家的黏性的同時，繼續提升其他產品的體驗，以及不斷推出新產品和新產品形式，以提高市場占有率。

（二）擴張需求

　　按照招股說明書中的計畫，為減少對王者召喚系列的倚賴及擴大遊戲組合，公司已於 2015 年 1 月以商業化方式推出兩款新遊戲系列，即英雄皇冠系列與姬戰三國系列網頁版；擬於 2016 年 2 月底之前實現英雄皇冠系列及無盡爭霸系列（行動裝置平臺上的一款新遊戲系列）的商業化推出，並於 2016 年第一季實現

在行動裝置平臺上另一款新遊戲系列的商業化推出；擬於 2016 年第二季至第四季開發其他三款新遊戲系列，並在網頁及行動裝置兩個平臺實現商業化推出。

公司計畫執行以下策略：（a）繼續擴大公司的遊戲組合及推動消費；（b）進一步進軍行動裝置遊戲市場；（c）進一步擴大全球布局；（d）透過有效方式設計及開發各種語言版本的遊戲以獲取潛在收入的增長機會；（e）有選擇性地尋求戰略收購及合夥機遇。

在研發和推廣的過程中，公司要想取得大的進展必須有資本力量的支援，以及尋求戰略收購及合夥機遇也需要募集一定規模的資金。公司 2015 年年度報告已經顯現出了成本的快速增加：因負責持續升級及優化商業化遊戲的員工薪金增加，以及因商業化方式推出英雄皇冠、姬戰三國兩款新網頁遊戲，2015 年年度的直接成本約為人民幣 6.3 百萬元，較 2014 年同期約人民幣 3.2 百萬元上升 96.9%。而 2015 年度的毛利約為人民幣 23.8 百萬元，較 2014 年度約人民幣 19.6 百萬元增加 21.4%。

◆ 二、關鍵努力

（一）路徑選擇

對於像火岩控股這樣總股本和上市後總市值較低的新秀公司來說，在 A 股上市的機會較少，不論是創業板還是中小板，都有一系列境況類似的企業在競爭入場券。

雖然中國還有新三板，但與香港創業板相比，有兩方面因素

促使其選擇後者：一是新三板也需要排隊，掛牌成功前充滿不確定性，掛牌後的成效也充滿不確定性，畢竟新三板掛牌企業股份的流動性目前還較弱；二是火岩控股的遊戲產品針對全球玩家，在海外華人群體中有很多用戶，公司在香港上市有利於繼續沿著國際化方向發展。

（二）上市前的股權架構重組

火岩控股的前身——深圳火元素的早期股權結構為：張先生、吳先生、黃先生與饒先生分別擁有 40%、28%、16%、16% 的股權，幾經調整，上述股權關係轉對應為 49%、19%、16%、16%。2014 年，一家叫傑美創投（由劉先生一人全資控制）的小型投資公司入股火元素，標的為原股東吳先生同意轉讓的火元素 3% 股權，現金代價為相當於人民幣 32 萬元的美元金額。之後，公司股權關係演變為由張先生、吳先生、黃先生、饒先生以及傑美創投分別擁有 49%、16%、16%、16%、3% 的股權。

投資公司的持股雖少，卻拉開了公司架構重組的序幕。隨後，作為重組的一部分，傑美創投將其於深圳火元素 3% 的股權轉讓予火岩（香港）。

接下來，是一系列的離岸操作。其用意當然是將擬上市公司主體轉換為境外註冊公司，以符合港交所的要求，並避開因向中國相關部門申請境外上市而必經的程序和等待時限，從而提高上市的成功率和效率。

離岸架構搭建包括以下幾個關鍵步驟：

（a）中國自然人股東註冊境外持股公司，於 2014 年 9 月完成，如股東張先生名下的薩弗隆國際，註冊於英屬處女群島

（維爾京群島）。

（b）擬上市公司主體——火岩控股，在開曼群島註冊成立，
於2014年11月完成，前述已註冊的持股公司如薩弗隆國際等，
分別作為擬上市公司的股東；成立後的火岩控股向包括上述持股
公司在內的持股人配發公司股份。

（c）在英屬處女群島（維爾京群島）註冊成立火岩國際，
作為火岩控股的全資子公司，並向火岩控股發行1股份，即成為
火岩控股的100%控股子公司，於2014年11月完成；火岩國際

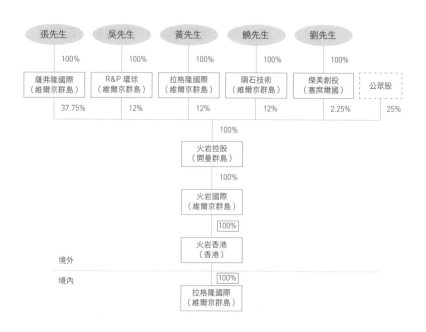

資料來源：根據火岩控股上市招股書繪製

境外融資2：
20家企業上市路徑解讀

的功能是用來持有即將在香港註冊的火岩（香港）。

（d）在香港註冊成立火岩（香港），作為火岩國際的全資子公司，其功能是用來持有深圳火元素公司 100% 的股份。

以上這些步驟看似曲折，其實每個環節的註冊公司都有其特定功能，最終形成的上市時的股權結構如上圖所示。

按照中國有關法律規定，倘若一家境內公司或境內自然人透過其設立或控制的海外公司收購一家與彼相關或有關聯的中國公司，須獲得商務部批准。2015 年 5 月，深圳火元素從主管商務部門取得關於重組股權轉讓的批文，並已就重組股權轉讓完成登記手續。

（三）增加法定股本

公司於 2016 年 1 月 24 日，股東決議透過創設額外 461,000,000 股股份，將法定股本由 39 萬港元增至 5 百萬港元，分為 500,000,000 股股份。

（四）配售安排

以配售方式提呈發售 40,000,000 股配售股份以供認購，合計共占配售完成後公司已發行股本約 25%。配售股份由獨家包銷商根據包銷協議悉數包銷，配售價由公司與獨家全球協調人於定價日或之前透過協議釐訂。

◆ 三、上市成效

（一）發行效果與市場表現

火岩控股（HK 08345）是以配售形式在香港創業板上市，

計畫配售價每股 1.2~1.5 港元。配售形式多屬兩種情況：一是向原有股東配售新股；二是針對機構投資者及符合一定條件的（如持有證券市值在 1 萬港元本地貨幣以上）的公眾投資者發行，適合於總股本較小的新上市公司。

實際配售結果，獲適度超額認購，共配發予 167 名投資者，配售價為 1.28 港元，每手 2,000 股，共募集資金 0.43 億港元，淨額約 2,890 萬港元。

2016 年 2 月 18 日，火岩控股首日開盤報 4 港元，最高至 5.5 港元，較配售價 1.28 港元高逾 3 倍。後續價格波動較大，最低至 1.39 港元，最高至 7.90 港元，近期（資料更新至 2017 年 3 月）維持在 3 港元左右。

下圖為火岩控股上市後的股價走勢情況（資料更新至 2017 年 3 月）。

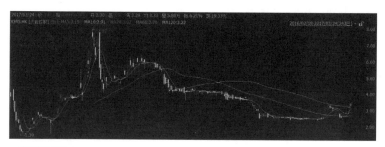

資訊來源：Wind

（二）盈利能力提升

按照火岩控股的上市計畫，所募集資金的 25% 用於開發集團在網頁平臺的新遊戲系列；25% 用於開發集團在行動裝置平

臺的新遊戲系列；12.5% 用於尋求機會獲得或購買適當素材的改編權；12.5% 用於收購或投資遊戲開發商及關聯公司；10% 用於持續優化集團在各類平臺的現有遊戲；10% 用於提升並使集團的遊戲開發能力多樣化；5% 用於營運資金及其他一般企業用途。

公司上市後的首個半年報告顯示，截至 2016 年 6 月 30 日，6 個月溢利 499 萬元，按年增加約 24 倍；收入 1,704 萬元人民幣，按年增加約 53.2%。

（三）購股權計畫執行

火岩控股成功上市，為其另一項融資和激勵計畫，即針對特定人群的購股權計畫的繼續實施創造了條件。上市公司另設的購股權計畫符合港交所創業板上市規則第 23 章的規定。購股權計畫為一項股份獎勵計畫，乃為嘉許及肯定合資格參與者對公司所作出或可能作出的貢獻而設立。該計畫採納之日起 10 年期間一直有效。

公司於 2016 年 1 月 24 日啟動了有條件採納的購股權計畫，根據該計畫，於 2016 年 6 月 30 日，可供發行之股份總數為 16,000,000 股，占公司已發行股本之 10%。

（四）總結與點評

從全國的遊戲市場占有率占比來看，火岩公司所開發的幾款產品並未進入 2015 年最火熱的十款之列，而火岩公司的總體營收亦未進入前十大遊戲公司之列，而公司仍成功在香港創業板上市，說明公司在遊戲開發方面的實力以及所在的行業潛力被投資者所認可。2015 年中國網頁遊戲市場的規模達 210.5 億元，較上一年度增長 8.9%。

就在火岩公司赴港上市的同期，中國還發生了與之規模相當的遊戲公司被上市公司的併購案。如新銳網頁遊戲廠商掌悅遊戲，被興業銅業（HK 00505）斥資 2 億港元收購，亦表明有個性的廠商受到資本的青睞。而火岩公司獨立上市無疑更便於今後發展。

◆ 四、同業企業上市現狀

當前已有多家中國遊戲企業在境內外上市，從遊戲類上市企業的數量來看，A 股占比最高；但從平均市值來看，港股的平均值更高，A 股的平均值居中。赴港上市的公司中既包括市值較大的公司，也包括因市值較小而難以在 A 股排隊的公司，由此顯現香港市場的包容性。

據中國音數協遊戲工委等機構的《2015 年中國遊戲產業報告》得知，2015 年，中國上市遊戲企業 171 家（含概念企業），A 股上市遊戲企業占 79.6%；港股上市遊戲企業占 9.9%；美股上市遊戲企業占 10.5%。2015 年，中國上市遊戲企業市值 47,605.84 億元，A 股上市遊戲企業市值占 65.2%；港股上市遊戲企業市值占 32.3%；美股上市遊戲企業市值占 2.5%。

僅網路遊戲領域，截至 2016 年年底，在 A 股市場有 46 家網路遊戲概念公司上市，其中有 11 家屬於專業的網路遊戲公司。細觀這 11 家公司的盈利能力，2016 年上半年營業收入總額達 129.97 億元，淨利潤總額達 81.97 億元。其中排行第一的三七互娛，2016 年上半年淨利潤達 4.86 億元；排最後一位的中青寶的

同期淨利潤為 414.46 萬元。這些 A 股公司的規模均在赴港上市的火岩控股之上。由是亦可佐證火岩控股赴港上市道路選擇的現實性。

雲遊控股（HK 00484）：獲超額認購 3 百多倍

2013 年 10 月 3 日，雲遊控股在港交所上市，公開發售獲 2.7 萬人認購，計畫融資 7.3 億港元，在港獲超額認購 312 倍，公開認購部分占比因回撥而增至 50%，最終數目為 1,568.5 萬股。同時，國際配售亦獲大幅超額認購。發售價 51 港元，首日開盤價 61.75 元。

雲遊控股創立於 2009 年，總部設於廣州，旗下有三家子公司：廣州菲音和廣州捷遊負責遊戲研發，廣州維動負責遊戲營運。截至赴港上市前，雲遊控股已經推出超過 30 款遊戲，代表遊戲包括《明朝時代》、《凡人修真》等。

雲遊控股是中國首家上市的專業從事網頁遊戲開發的公司。此前中國遊戲公司主要透過赴美上市、中國 A 股上市或出售給 A 股上市公司三種方式實現資本化。

雲遊控股提交上市申請前一年（2012 年度）的淨利潤為 2.18 億元人民幣，經調整後淨利潤為 2.4 億元。上市前，公司引入了三家外部機構投資，合計持股 28%；公司管理層合計持股 66%。

繼雲遊控股之後，在一年左右的時間裡，又有網頁遊戲公司 IGG（HK 00799）、線上棋牌遊戲公司聯眾（HK 06899）、手機遊戲公司藍港（HK 08267）等多家中國遊戲公司在香港創業板或主板上市。

周黑鴨：
從草根品牌到港股明星

公司名稱：周黑鴨國際控股有限公司

股票代碼：HK 01458

所屬行業：食品加工與銷售

成立日期：2015 年 5 月 13 日（海外上市主體）

註冊資本：50,000 USD

註冊地址：開曼群島

員工人數：3,905 人

董事長：周富裕

第一股東：健源控股有限公司（49.97%）

上市時間：2016 年 11 月 11 日

募集資金總額：23.70 億港元

總市值：196 億港元

從草根階層創辦的街頭小作坊，到近 2 百億港元市值的明星公司，入選「港股通」，並進軍海外銷售市場，周黑鴨的創業故事和上市過程是如此的傳奇。

周黑鴨的創始人周富裕，來自重慶貧困山區，19 歲時開始在武漢學滷菜手藝，次年在農貿市場擺攤創業；2002 年在武漢正式開設第一家門市，2004 年第二家門市開設時打出「周記黑鴨」品牌，2005 年成立公司，註冊「周黑鴨」商標；之後又引入專業人士，組成核心管理團隊，逐漸走上正規化、專業化的管理道路。

「做百年老店，不曇花一現」，這是創始人周富裕的追求。為嚴把食品品質關，周黑鴨堅持不走加盟路線，依靠自身力量擴大門市數量，並保證了較高的利潤率。這些特點，被投資機構相中，2010 年起獲得外部投資，2013 年加速擴張，市場擴大至全國 10 餘個省的 40 個城市，2015 年淨利潤達到 5.53 億元。

2016 年 11 月，周黑鴨在香港上市，並將擴張目標涵蓋了東南亞市場；加上 2012 年在深交所上市的「煌上煌」（002695），2016 年 1 月被新希望（000876）控股的「久久丫」，以及 2017 年 3 月在上交所主板上市的「絕味」，這些鴨類滷味產品市場的四強，也成為股市中的四強。

◆ 一、上市訴求

（一）直營模式下的市場挑戰

小小的鴨脖子能有多大的市場規模？照周黑鴨公司招股書，

2015年中國休閒滷製食品[1]行業零售額為521億元，過去5年間，每年增長40%以上；未來5年仍有較大增長空間，若按預計的18.8%複合年增長率，到2020年總體規模將增至1,235億元。

其中，以鴨為主要原料的產品占休閒滷製食品的半壁江山。2015年，鴨類製品前十大企業合計銷售額122億元，占滷製食品行業零售額的23.4%。煌上煌、周黑鴨、絕味食品三家企業主營收入合計65.04億元，約占市場占有率的12.5%。

2015年，周黑鴨全年銷售額超過24億元，淨利潤突破5億元，淨利潤率達21%。周黑鴨的這一業績由641家門市共同貢獻。從門市數量的比較來看，周黑鴨相對於競爭對手不占優勢。另外兩家已上市品牌的門市都比它多很多：煌上煌有2千5百多家，絕味有7,172家。周黑鴨的主營業務收入在這3家的合計占有率中占到將近三分之一，其奧祕就在於，它走的是直營店模式[2]；而煌上煌的模式是直營和加盟共同發展，絕味食品是以加盟為主（加盟店占比超過90%）。在加盟為主的模式下，絕味食品2015年主營業務收入為29.21億元（不含加盟商的抽成部分），略高於周黑鴨，淨利潤3.01億元，淨利潤率10.3%，低於周黑鴨。

直營模式是周黑鴨取得較高利潤率的關鍵，也是門市擴張較慢的主要原因。周黑鴨和絕味擴張的起點分別為2002年和2005年，平均每年新增門市的數量分別為49家和717家，差距明顯。而市場整體規模的增速呈現減緩趨勢，在這種情況下，搶占先機十分重要。

煌上煌、周黑鴨、絕味3家品牌的2015年業績如下圖所示（單位：人民幣）。

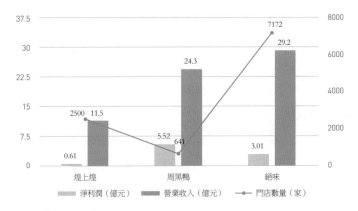

資料來源：上市公司公告

從門市的區域分布來看，周黑鴨的布局主要在華中地區，尤其是武漢及其周邊，僅武漢就有近 2 百家門市，占門市總量的近三分之一。周黑鴨在湖北、湖南、河南、江西這 4 省的門市營業收入，在上市前的 2013 年至 2015 年分別占了總量的 82.9%、77.8%、70.1%。這意味著在其他省市還有很大的擴張空間。

---

1 休閒滷製食品包含了以鴨、雞、豬、牛、蔬菜、水產品、豆製品等為主要原料製作的即食類食品。

2 在直營店模式下，門市的建設投入和運營成本由公司承擔，門市資產計入公司資產，門市的銷售額計入公司的主營業務收入。在加盟店模式下，門市的建設投入和運營成本由加盟商承擔，門市資產不計入公司資產，門市的銷售額不直接計入公司的主營業務收入；公司與加盟店之間透過加盟協議界定利益，公司來自加盟店的收入主要包括加盟費、培訓費、製成品、原材料供應收入和占銷售額一定比例的抽取等。

另外一個引起重視的問題是，地圖搜尋顯示，市面上山寨版的「周黑鴨」門市在全國至少有9百多家，比真的「周黑鴨」門市還多。2016年1月，國家食品藥品監督管理公告稱檢查發現某地「周黑鴨」店經營的食品中含有違法添加劑，但周黑鴨公司在該地並無門市。「打假」任務重，表明了市場的潛力，也意味著發展的挑戰。

因此，周黑鴨這次赴港上市，募集資金的最大用途就是用於生產能力和門市的建設。其招股書顯示，計畫將於2016年和2017年分別新開187間和180間自營門市。預計每開一店需要投入12萬元，照此計算，2016年開設新店累計需要投入2,244萬元。

（二）同業競爭對手加速上市

搶先上市就等於搶先發力，擴大市場規模。除了周黑鴨之外，同業公司中規模較大的均已上市或正在上市的進程中，包括：

煌上煌（002695），2012年9月在深圳中小板，市值120億元。

久久丫，2016年1月，被上市公司新希望控股，對應估值8.5億元。

絕味食品在周黑鴨赴港上市前已在A股排隊[3]，最終於2017年3月在上交所主板上市，總市值突破160億元。

◆ 二、關鍵努力

（一）為何選擇香港？

周黑鴨選擇香港資本市場的一個重要原因是為實現超越對手，贏得相對優勢。周黑鴨的主要競爭對手是絕味，兩家的上市步伐基本為前腳與後腳。

歷史上最長的一次 IPO 暫停（2012 年 11 月 3 日 ~2014 年 1月）是幾家同業公司的上市間隔。只有煌上煌於 2012 年 9 月搶先在深交所上市，躲過了後面長達 14 個月的 IPO 暫停。其餘兩家不得不往後延遲。

2014 年 1 月之後 IPO 重啟，幾千家公司在 A 股門外守候。2014 年 9 月，絕味食品啟動 IPO 計畫，並獲證監會受理；但在隨後的 10 月份，絕味食品被列入證監會「中止審查企業」名單，證監會給出的理由為「申請文件不齊備等導致審核程序無法繼續」。同期被受理的 623 家企業中只有 33 家獲通過，被列入「中止審查企業」名單的有 24 家，未過會但正常待審的有 566 家。在這種情形下，周黑鴨如果加入排隊大軍，將面臨較多的不確定性。

按照早期的計畫，周黑鴨將在 2015 年登陸 A 股。但 2015年夏季「股災」的發生，更顯 A 股上市的不確定性。此時周黑鴨

---

3 2014 年 9 月，絕味食品啟動 IPO 計畫，並獲證監會受理。

已有赴海外上市的預案[4]，並在搭建相應的股權架構。

之所以確立在香港上市的方向，除了香港投資者更容易理解中國企業之外，周黑鴨還有借赴港上市擴大在東南亞的品牌影響力，把門市開到香港、澳門、臺灣和新加坡等國家與地區的考慮。

因為赴港上市只需要一年左右的週期，周黑鴨搶在絕味前面於 2016 年 11 月成功登陸香港主板。幾個月之後，絕味食品亦在 A 股上市。

（二）融資擴張三步走

周黑鴨的成功離不開資本的陪伴，上市前的兩輪融資對於擴大市場、提升業績，進而推動上市很關鍵。

2010 年，周黑鴨開始四處融資，其效仿的對象是煌上煌，後者當時處在 Pre-IPO 階段，並實現了兩輪融資。2009 年 7 月，煌上煌改制滿一年，引入了包括達晨在內的風險投資，達晨資本為之注資 3 千萬元（A 輪），占股 8%；2010 年 11 月，煌上煌再引進國信弘盛，後者注資 3,825 萬元（B 輪），占股 5.38%。之後，煌上煌加快了上市步伐。

煌上煌的融資進展刺激了周黑鴨。除了天圖資本，周黑鴨與幾家機構和基金談過，但無結果。障礙主要在估值方面，當時對周黑鴨進行估值可參考的對象不多，最接近的就是煌上煌，但周黑鴨堅持走直營模式，與採用加盟連鎖模式擴張的煌上煌差異較大。直營模式下的擴張所需的成本投入較高，周黑鴨自然希望能夠融到比煌上煌更多的資金。

2010 年 11 月，周黑鴨得到天圖資本垂青，收穫先行投資 5

千8百萬元人民幣（A輪），估值達5.8億元。投資方相對積極的態度以及對行業較深入的理解被認為是促成合作的基礎。在當時尚無同類企業實現上市的情況下，天圖資本敢於押注周黑鴨，看重的是周黑鴨的兩個重要價值：一是公司的現金流較好；二是休閒滷味食品的巨大潛力。

2012年8月，周黑鴨再獲IDG投資1億多元（B輪），天圖資本亦追加投資3千萬元，估值達20億元左右。周黑鴨上市前，天圖資本和IDG分別持有股份9.65%、5.46%。兩輪融資下來，周黑鴨共募集資金近2.1億元。

這些融資支持實現了其在東南各省和北方地區的布局。其中，A輪融資主要支持完成了在廣州、深圳等地的擴張。B輪融資之後，周黑鴨的門市開到了上海、北京等地，形成多個「中央廚房」式的供應中心，累計覆蓋12個省份。

資本助力下的擴張帶來的業績提升顯著。周黑鴨的銷售額在2009年還不到2億元，2012年則超過了10億元，上市前的2015年主營業務收入達到29.21億元。

赴港上市時，周黑鴨擬籌集約23.7億港元，實現第三次大的飛躍。其中，約35%用於新建區域性的「中央廚房」加工設施、物流及倉儲中心，約15%用於開設新門市及對現有門市升級，約12%用於實施品牌及行銷策略，約10%用於提升研發能力等。

---

4 周黑鴨的海外上市主體——周黑鴨國際控股有限公司，於2015年5月在開曼群島註冊。

◆ 三、上市成效

（一）百億富豪誕生

2016 年 11 月 11 日，周黑鴨（HK 01458）在港交所掛牌上市。上市前的招股價採取了較保守的價位，定在 5.88 港元，為招股區間（5.80~7.80 港元）的低端，募集資金約 23.7 億港元。如果按照最高 7.80 港元的價格計算，最多集資額達到 33 億港元。

在周黑鴨發行之初，機構認購不算太活躍，出現公開發售部分認購不足的情形，但上市開盤之後的股價漲勢表明了投資者的信心。掛牌當日股價大漲 13.435%，報收於每股 6.67 港元，總市值達到 154.71 億港元，占周黑鴨 63.47% 股權的創始人周富裕、唐建芳夫婦，身家達到 98 億港元（約 86 億元人民幣）。若按照最新的股價計算，周氏夫婦的財富已高達 121 億港元（約 107 億元人民幣）。

2017 年 3 月，隨著絕味食品在 A 股上市並獲較高估值，港股周黑鴨的股價也快速攀升，於 2017 年 3 月 20 日達到 9.92 港元的高點，目前處於 8.23 港元左右，高於當初擬定的招股區間的最高價位。本益比為 24.6，總市值為 196 億港元，相當於 174 億元人民幣左右。

下圖為周黑鴨在香港上市以來的股價走勢（2016 年 11 月 ~2017 年 4 月）。

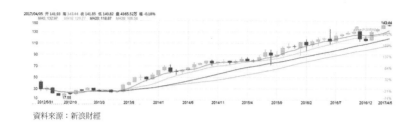

資料來源：新浪財經

（二）業績大踏步提升

雖然周黑鴨上市的時間是在 2016 年 11 月，但在上市前景的激勵下，整個 2016 年已在加速發展，業績提升明顯。

按照已公布的周黑鴨 2016 年報，報告期內實現收入約 28.16 億元人民幣，較 2015 年同期的 24.32 億元增長 15.8%；實現淨利潤約 7.15 億元人民幣，較 2015 年同期的 5.52 億元人民幣增長約 29.5%。

2017 年的資料尚未公布，按照上市前公布的計畫，周黑鴨 2017 年擬增加 180 家門市，比 2016 年年底的 778 家左右增長 23%，這是周黑鴨創業以來的最快擴張速度。雖然規模的擴張伴隨著成本的投入，但根據過去的經驗，新建門市可在一年內實現回本並盈利。所以，周黑鴨的未來業績值得期待。

（三）總結與點評

如果說，煌上煌開啟了鴨類休閒滷製品的上市第一股，則周黑鴨真正觸發了同類公司價值的大爆發。周黑鴨上市後，不僅自身受到投資者追捧，也帶動了早先上市的煌上煌股價的飛漲，並為之後上市的絕味食品打下了估值參考的基礎。

周黑鴨脫穎而出的關鍵，是在 A 股排隊希望渺茫的情況下

啟動了海外上市的預案。如果沒有果斷選擇赴港上市，在絕味登陸上交所的那一刻，周黑鴨應該還在 A 股大門外排隊。由於周黑鴨轉變思想，使其終於實現了上市，積極擴張發展，以同業巨頭的姿態站在了新的起跑線上。

周黑鴨從一個街頭小店成長為百億市值的明星公司，與創始人的品質追求和經營模式堅守分不開，亦與資本機構的助力有很大關係，有了資本力量的介入，周黑鴨才完成了關鍵的質變過程，踏入成長的快車道。

◆ 四、同業企業上市現狀

休閒滷製品領域的資本化算是異軍突起，在煌上煌之前，可參考的上市公司只有涪陵榨菜（002507）、洽洽食品（002557）等少數幾家，主營業務並不很相近。例如，不存在門市開設、加盟或直營模式、禽類製品品質監控等難題。因此，鴨類滷製品企業的擴張和上市是一條前人未走過的路。這其中，周黑鴨和絕味食品的成功最具代表性，而煌上煌的先行上市則具有開啟先河的意義。

煌上煌：開啟鴨類滷製品上市先河

煌上煌集團始創於 1993 年，起步於江西南昌，從禽類烤製食品企業起家，後來向產業上游 —— 禽類養殖，以及產業下游 —— 滷製品加工銷售深化延伸產業鏈，成為龍頭企業，並以「直營＋加盟連鎖」的方式，向全國擴張專賣店。因其最為公眾

熟知的產品為鴨類滷製品，公司上市後被稱為「鴨脖第一股」或「中國醬滷第一股」。

　　煌上煌公司於 2008 年完成股份制改造，2009 年引入以達晨資本為主的風險投資。煌上煌最初瞄準的是 A 股深市主板，最終在中小板掛牌。2012 年 9 月，煌上煌在深交所上市，發行價格為每股 30 元；募集資金總額為 9 億元左右，主要用於在中國擴大版圖，完成除江西、廣東、福建之外地域的「異地擴張」。目前，煌上煌的股價在 19 元左右，總市值在 95 億元左右，相當於周黑鴨 174 億元市值的一半。

　　2017 年 3 月上市的絕味食品（603517）每股發行價為 16.09 元，募集資金總額 8.04 億元；最新股價在 41 元左右，總市值 171 億元，與周黑鴨接近。

CHAPTER 2

赴美上市，
金融科技股的夢想

美國資本市場

當前，美國經濟強勁復甦，加上受「川普新政」的影響，2017 年春，美國的三大股指（道鐘斯、那斯達克、標普）都不斷刷出新高，現美國股市的吸引力正在持續增強。

在這種情況下，中國企業赴美上市的熱情再度高漲，尤其以互聯網金融企業為代表的金融科技股，形成了一股 IPO 大軍。目前，中國已經是赴美上市的外國（非美國）公司數量增長最快的來源地。

下圖顯示的是美國道鐘斯工業指數的走勢圖（左邊的較低點 6,469.55 出現於 2009 年 3 月 6 日，右端截止到當前的歷史最高點為 21,169.11，出現於 2017 年 3 月 1 日，本圖資料更新至 2017 年 4 月初）。

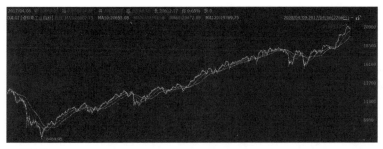

資料來源：wind

◆ 一、群集赴美上市的原圖

（一）被美國市場的開放所吸引

美國資本市場之於中國企業的意義，從多年來里程碑式的赴美上市案例可見一斑。例如，早年赴美上市的新浪、網易、搜狐等互聯網門戶網站，其中新浪上市開創的所謂「新浪模式」[1]，被傳媒或互聯網企業效仿；後來是攜程、藝龍、盛大、百度、分眾、高德地圖等互聯網或 TMT[2] 類主體；近年來又有吸引目光焦點的阿里巴巴、京東、寶尊、新浪微博、陌陌、58 同城、迅雷、

---

1 新浪模式，即 VIE（Variable Interest Entities）模式，或稱為「協定控制」，是指因特定的政策約束，境內的業務實體。例如媒體類平臺，不能直接到境外上市，此時讓境外註冊的實體透過協定的方式控制境內的業務實體的財務和收益，然後以境外的注冊實體作為上市實體，從而間接實現了境內業務實體在境外上市。這種模式被新浪首先採用，實現了赴美上市的目標。
2 TMT（Technology、Media、Telecom），代表未來（互聯網）科技、媒體和通信融合趨勢下的大產業。

中通快遞等。

除了互聯網基因的企業之外，赴美上市的中國企業還有中石油、中石化、中海油、華能國際、上海石化等能源巨頭，有中國移動、中國電信、中國聯通等電信巨頭，以及中國人壽、中國鋁業、東方航空、南方航空等超大型中央企業。

在大量中央企業赴美上市之後，近 10 年來赴美上市的中國企業以民營企業為主。下表為 2016 年度美股市值 5 百強榜單中的中國概念股。

透過上述這些簡單的列舉可以發現中國企業赴美上市的規律。例如，大型互聯網企業、大型央企，以及各領域的同行業巨頭成群結隊上市，難怪有人驚呼「好企業揪團赴美上市」！

	市值／億美元	全球 5 百強排名	上市時間
阿里巴巴	2617	11	2014 年 9 月
中國移動	2519	12	1997 年 10 月
中石油	1223	44	2000 年 4 月
中石化	894	67	2000 年 10 月
百度	631	103	2005 年 8 月
中海油	565	117	2001 年 2 月
中國電信	413	170	2002 年 11 月
京東	377	190	2014 年 5 月
網易	317	229	2000 年 6 月
中國聯通	292	246	2002 年 10 月
中國人壽	246	298	2003 年 12 月
攜程網	191	371	2003 年 12 月

資料來源：Wind

「揪團赴美上市」，並不是因為美國資本市場選擇了這些企業，而是這些企業被美國資本市場的自由度和國際化所吸引。總結起來，選擇赴美上市的中國企業往往是出於以下這些原因當中的一種或幾種：

第一，對於超大型的企業來說，赴美上市是贏得全球聲譽的重要管道。例如，美國財富雜誌每年都會根據在美上市企業的財務資訊對美股 5 百強進行排名，每年的榜單名次變化受到全球關注，企業上榜是其實力的象徵。

第二，美國資本市場比較自由和開放，不對擬上市企業設立太多或太高的硬性要求，而中國 A 股市場和香港市場對上市企業的規模、收入、利潤等有較多的硬性要求。並且，在美國上市的時間和流程的可控性更強，各國企業只要符合美國的法律和上市標準、流程，就能夠實現在美上市。換句話說，企業赴美上市的直接門檻更低。

第三，有幾類企業因其自身的特性使然，更適合在美國上市。例如高科技類企業，尤其是互聯網企業，其商業模式容易被美國投資者理解，對估值比較有利；在中國境外註冊的企業，在中國被視為外資企業，在 A 股市場實現 IPO 的難度大，在美國上市相對容易；有志於在美國擴大業務的企業，在美國上市後，更利於在美國展開併購等擴張行動。

「好企業揪團」並不意味著只有大企業才可以赴美上市。已經成功在美上市的中國企業中，既有阿里巴巴、中國移動這樣具有 2 千億美元以上市值規模的企業，也有很多 1 億美元以下規模的企業。本益比亦有極大差異，按照 2017 年 3 月份的資料，50

倍以上本益比的企業有中國鋁業、微博、中石油、陌陌、阿里巴巴等。可見美國資本市場有較強的包容性。

Wind 資料庫顯示，截至 2017 年 4 月初，全部掛牌美股（不含 OTC 和已退市）一共 4,915 支。前瞻研究院資料庫顯示，目前在紐約交易所上市的中國概念企業有 83 家，在那斯達克交易所有 124 家。

（二）做空現象沒那麼可怕

美國資本市場的基本邏輯是優勝劣汰。在註冊制下，上市的門檻較低，但如果業績不佳，或者資訊披露存在問題，將遭遇投資者「用腳投票」[3]，股價會有較大波動，甚至可能被 SEC（美國證券交易委員會，類似中國的證監會）警告或調查。

至於前幾年發生的「做空中概股」現象，受到影響的只是小部分企業，多數屬於透過借殼上市的企業，而以 IPO 方式赴美上市的企業較少有此遭遇，即便有，影響也有限。在總體上，中國概念股並未因一部分企業遭遇做空和質疑而大面積受損，即便在做空事件高發的 2011~2013 年，美國市場上的投資者在具體看待一家中國概念企業時仍會具體分析其業績和財務資訊。

不同的中國概念股在遭遇做空攻擊後的命運差異，透過疊加顯示的方式可以進行直觀的比較。例如，東方紙業（ONP.A）和新東方（EDU.N）之間，這兩個都以「東方」為名的中國概念股，命運就有很大不同。

東方紙業和新東方遭遇渾水公司「做空」質疑後的股價走勢差異見下圖（其中左側和右側的方框分別標示的是東方紙業、新東方在遭質疑之後一段時間內的股價區間和走勢。資料左端起點

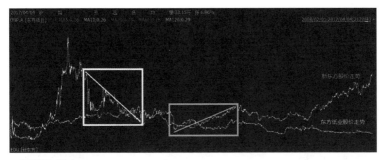

資料來源：Wind

時間為 2008 年 2 月 1 日，右端資料更新至 2017 年 4 月初）。

東方紙業在 2010 年 6 月 28 日因做空機構渾水公司發布研究報告，質疑東方紙業涉嫌資金挪用、誇大營收和資產估值、毛利潤率等，給予東方紙業股票「強烈賣出」評級，目標價低於 1 美元，而當時東方紙業的股價為 8.33 美元。這項質疑在市場上引起巨大反響，雖然東方紙業公司針對質疑內容做出了解釋，股價仍受到巨大打擊，在隨後的一個較長時期裡呈跌勢。

新東方在 2012 年 7 月 18 日，遭遇渾水公司質疑打擊後，股價兩日累計下跌 57.32%，市值縮水過半。但隨後其積極配合 SEC 調查，以及主動向媒體補充披露資訊，說明新東方度過了尷尬時期。僅僅過了不到 3 個月，隨著 SEC 表示對新東方的財務報表「無異議」，新東方再次贏得市場信任，股價只是受到一時

3 指資本、人才、技術流向能夠提供更加優越的公共服務的行政區域。

的影響，在後面的幾年時間裡繼續呈現長期的漲勢。

當然，「做空」風波也給了不少企業深刻的教訓。例如，綠諾科技、中國高速頻道等中國概念股遭到渾水或香櫞公司（Citron Research）質疑後，出現被摘牌退市或轉入粉單交易的命運。2013 年 7 月，中國證監會與美方就會計審計跨境執法合作邁出實質步伐，有助於重建投資者對中國概念股的信心。後來赴美上市的中國企業就謹慎了許多，很少再被類似渾水那樣的做空機構捉到把柄。尤其 2014 年之後，隨著阿里巴巴的上市，中國概念股的聲望達到了新的高度。

（三）互聯網金融企業爭相赴美

2017 年年初，中國企業赴美上市的新一波浪潮正在形成，其中最典型的一個細分行業是互聯網金融為代表的金融科技類。2017 年 3 月 31 日，互聯網金融企業信而富向美國 SEC 提交 IPO 資料，計畫在紐約證券交易所上市，預計籌資額 1 億美元。此前中國已有宜人貸成功赴美上市。

目前，在中國從事網貸業務的平臺仍有上千家，各類針對互聯網金融的排行中，出現頻率較高的包括陸金所、宜人貸、人人貸、點融網、拍拍貸、微貸網、積木盒子、開鑫貸、投哪網、有利網等平臺。到 2017 年 3 月，只有宜人貸完成了 IPO 歷程。因此，這意味著後續可能會出現一個互聯網金融企業組成的赴美 IPO 大軍。

宜人貸是首個赴美上市的中國互聯網金融企業，2015 年 12 月以每股 10 美元發行 7,500,000 股美國存託股票（ADS），募資總額為 7 千 5 百萬美元，於 2015 年 12 月 18 日在紐交所成功

上市。2017 年 3 月，宜人貸發布 2016 年第四季及全年財務業績報告顯示，第四季營收為 10,711 億元人民幣（1,543 億美元），同比增長 137%，淨利潤 3,798 億元人民幣（5,470 萬美元），同比增長 356%。

2016 年 8 月 16 日，宜人貸股價創下了 42.34 美元的高點，新近（2017 年 4 月初資料）維持在 25 美元左右。

下圖為宜人貸在美上市後的股價走勢（資料更新至 201 7 年 4 月初）。

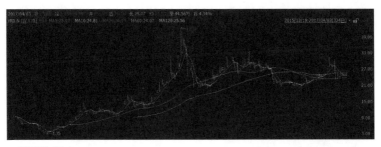

資料來源：Wind

受宜人貸的啟示，2017 年年初，中國一系列互聯網金融平臺均加快了上市的節奏，包括螞蟻金服、陸金所、眾安保險、京東金融、拍拍貸、樂信集團、趣店等都在籌備 IPO。而大多數互聯網金融企業選擇美國或香港作為 IPO 的方向，除了信而富，還有點融網、拍拍貸、樂信集團等多家網貸平臺已明確赴美上市的方向。例如，小牛線上計畫在 2017 年第四季向紐交所提交上市申請。

同期中國 A 股市場還沒有真正意義的互聯網金融類的上市

企業，按照 A 股門檻有關持續盈利的要求，大多數互聯網金融平臺不能合乎要求。加上 2016 年以來針對網貸和小貸行業的整頓尚未完結，相關企業在中國 A 股上市的希望渺茫。

（四）「中概股回歸潮」問題

2015 年以來，先後有超過 30 家中概股公司宣布推動私有化，其中有不少以此作為回歸中國 A 股的第一步。這種現象事出有因，中美市場的估值差異只是其中的一方面。

值得注意的是，這些號稱「回歸」的中國概念股，其赴美上市的時間往往是在中國 A 股 IPO 暫停的時段，尤其是 2012 年 11 月 3 日~2014 年 1 月，長達 14 個月的 IPO 暫停，造成大量企業赴美上市。

後來的所謂「回歸」潮，既是因為 A 股的發行重啟，也是受 2015 年上半年 A 股指數大漲的刺激。而 2015 年 6 月至 7 月，A 股出現前所未有的「股災」，IPO 發行暫緩，之後中概股「回歸」的熱情已有所降溫。

並且，隨著中國投資者的趨於理性，股價泡沫現象將會衰減，中美市場的估值差異將會減小。一個最新的例證是，2017 年中國房地產市場調控嚴厲程度前所未有。按說大量資金將被引導到股市，但 A 股市場並未呈現持續的漲勢，上證指數在 4 月 7 日創造了 3,295.19 點的近期高點之後，2 周內跌去 100 多點，又回到了 2017 年年初的 3,100 多點的水準。

◆ 二、不一樣的美國資本市場

美國資本市場屬於不同的文化圈，經過多年發展已經形成了比較成熟的機制，下面這些特點需要中國的擬上市企業瞭解。

（一）科技股璀璨

科技股在美國資本市場上的地位是吸引中國科技類企業赴美上市的重要原因。

在美國，由於科技企業對就業增長的貢獻比較顯著，美國市場有重視科技股的傳統。近年來，市值榜單中科技股的占比越來越大。2014 年以前，美股市值前 5 強中只有蘋果和微軟兩家科技股。谷歌於 2014 年闖入前 5 名，後來又有亞馬遜和Facebook。按照 2016 年美股 5 百強榜單，前 10 名分別是蘋果、谷歌、微軟、亞馬遜、Facebook、埃克森美孚、伯克希爾哈撒韋、殼牌石油、強生、GE 奇異，前 5 名全部被科技企業包攬，傳統行業巨頭被科技股領先了很多。值得一提的是，中國的阿里巴巴排在美股 5 百強的第 11 名。

從市值規模來看，排在第一名的蘋果公司市值高達 6,092 億美元，排在第六名的傳統行業巨頭埃克森美孚的市值為 3,619 億美元，落差高達 2,473 億美元。第 10 名的 GE 奇異市值為 2,654億美元，不及蘋果公司的一半。

下頁表為 2016 年 10 月美股 5 百強榜單中的前 10 名，從中可以看出科技股在美國的地位。

在 2016 年的美股市值 5 百強中，科技股有 114 家，占比22.8%。反觀中國的 A 股市值 5 百強中，排在前 5 名的均為銀

排序	企業名稱	市值／億美元	相比上年排序變化	所屬行業
1	蘋果公司	6092	保持	技術硬體與設備
2	谷歌公司	5434	保持	軟體與服務
3	微軟公司	4488	保持	軟體與服務
4	亞馬遜公司	3969	上升 1 個位次	互聯網零售業
5	Facebook	3969	上升 1 個位次	軟體與服務
6	埃克森美孚	3619	上升 1 個位次	能源
7	伯克希爾哈撒韋	3554	下降 3 個位次	保險
8	殼牌石油	3288	上升 1 個位次	能源
9	強生公司	3232	下降 1 個位次	生物製藥
10	奇異	2654	保持	資本財

資料來源：Wind

行股，前 20 名中有 10 家銀行股。在 A 股 5 百強中科技股僅有 75 家，占比 15%。

在美國，科技股的地位不止體現在排位上，股價和市值都在快速增長，2016 年前 5 強中科技股的市值合計增長超過 3 千億美元。表現最突出的是 Facebook，股價從 2012 年 5 月底的 30 多美元，到 2017 年 4 月初突破了 140 美元，總市值突破了 4 千億美元，成為美股當中最耀眼的明星。

下圖顯示的是 Facebook 於 2012 年 5 月上市以來股價走勢的月 K 線圖（資料更新至 2017 年 4 月初）。

傳統上，那斯達克交易所對科技股的吸引力更強。那斯達克是全球首家電子化的股票市場，最初側重服務於科技股和小型股，相當於一個創業板市場。後來隨著快速成

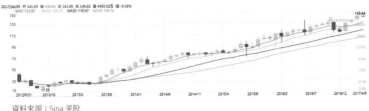

資料來源：Sina 美股

長，那斯達克轉變為多層級市場體系，成為紐交所強有力的競爭者。美國市場上的科技股，尤其互聯網明星企業，除了甲骨文、twitter 等選擇了紐交所，更多集中於那斯達克。例如，5 百強中的前 5 名：蘋果、谷歌、微軟、亞馬遜、Facebook。中國概念股當中，新浪、網易、搜狐、攜程、盛大、分眾、百度也都是在那斯達克。例外的是阿里巴巴，選擇了紐交所。

在那斯達克，TMT 板塊占了總市值的 53% 左右。如果把被歸入零售業的亞馬遜、京東這樣的企業算在內，TMT 板塊占到了 60% 以上。再加上約占 14% 的生物製藥板塊和 6% 的金融板塊，那斯達克的「金融＋科技」板塊占到了整體的 80% 以上。

在發展的路上，那斯達克的聲譽也曾因一次交易系統故障而受到影響。美國時間 2012 年 5 月 18 日上午，Facebook 上市掛牌當日，短時間出現的海量交易引起交易系統故障，進而導致進入正常交易狀態的時間被延遲了數小時。在 2014 年 9 月阿里巴巴選擇紐交所上市前，那斯達克方面曾解釋，其交易系統已經得到完善。

阿里巴巴上市時，募集資金 218 億美元，是歷史上美國資本市場規模最大的一次 IPO。阿里巴巴之所以選擇紐交所，其背

後是紐交所透過增設市場板塊、拓展服務範圍，加強了對科技類企業的服務和吸引。阿里巴巴每股發行價 68 美元，上市當日股價上漲 25.89 美元，收盤 93.89 美元，漲幅超過 38%。為應對當日的海量交易，紐交所做了很多預防工作，事先進行了兩輪測試。

實際上，自 2013 年以來，每年在紐交所上市的科技股的數量不斷增強。對於擬赴美上市的中國科技類企業來說，那斯達克或紐交所，選擇的自由度更寬了。

（二）美國市場的估值

美國三大股指持續走高與以下幾方面因素有關：

一是持續多年的量化寬鬆政策（QE）[4]，助力經濟復甦，驅動美股走強。

二是以金融科技和人工智慧技術為代表的科技進步，催生許多科技類明星股，對股市的總體市值起到拉升作用。

三是所謂的「川普行情」對美國人經濟信心的提振。

在股指持續走高的情況下，美股的估值保持較高的水準。如果與中國 A 股和港股進行比較的話，美股的平均估值水準低於 A 股，高於港股或與港股持平。總體上，A 股的本益比倍數（TTM）在 22 倍左右，港股為 13 倍，美股為 12 倍。單獨從那斯達克股市來看，本益比倍數約為 29.5 倍，高於 A 股的上交所（15 倍左右），低於深交所（50 倍左右）。

單從 TMT 和生物製藥為代表的科技板塊來看，市值 1 千億美元以上的公司的平均本益比倍數在 23 倍左右。其中，蘋果公司為 16.7 倍，Facebook 為 40 倍，阿里巴巴為 48.3 倍。

如果把考察對象擴大到那斯達克的那些市值較低的公司，例如 1 億美元以下甚至千萬美元級的公司，其本益比倍數有較大的反差，極高或極低的情況都存在。但由於這些企業剛剛入市不久，或已淪為「僵屍股」，利潤數字較低，不納入參考範圍。

除了已上市的公司之外，在美國，那些未上市的 10 億美元級的「獨角獸」公司[5]在不斷增多，甚至出現了大量估值超過 1 百億美元的「十角獸」公司[6]。中國也湧現出不少「獨角獸」公司，如小米、滴滴、美團、大眾點評、陸金所等身價已超過 10 億美元，甚至 1 百億美元。今後隨著中國這類公司在美上市，美股的估值將再被推高。

因此，總體上，美股在估值方面與 A 股和港股相比，落差並不是很大，這對於那些短期內無法在 A 股上市的中國企業來說是一個重要考量。與在 A 股大門外漫長的等待相比，計畫赴美上市成了諸多中國 TMT 企業的選擇。

（三）美國市場的監管特點與訴訟風險

對於擬赴美上市的中國企業來說，需要特別注意的是，美國資本市場的門檻雖然不是很高，但在資訊披露方面的要求很多，上市公司若有不慎，可能會引發訴訟風險。

---

4 2008 年 11 月起美聯儲啟動三輪 QE（量化寬鬆）政策，之後多年保持寬鬆貨幣政策。

5 「獨角獸」公司指估值超過 10 億美元的私人公司。

6 「十角獸」公司指估值超過 1 百億美元的公司。

美國資本市場實行的是註冊制，按照美國投資者的思維邏輯，上市公司必須及時、準確地把全部的重大資訊傳遞給市場。在訴訟文化非常發達的環境裡，如果律師和股民覺得某家公司可能有問題，就會發起訴訟，即便這家公司沒有做錯什麼。對於股民來說，訴訟的成本很低，很多律師甚至願意免費幫忙打官司，因為打贏後可收取不菲的服務費，這使得股民的集體訴訟時有發生。

在註冊制下，美國資本市場不存在中國 A 股那樣嚴格的上市審核，但在美上市的企業要接受 SEC 的合規審查。尤其那些遭遇「做空」機構質疑的公司，往往同時面臨著股民的集體訴訟和 SEC 合規審查的壓力。

當然，對於一家充滿活力，並且在資訊披露方面盡職盡責的企業來說，一般不會招惹這些風險上身，即便遭遇了，化解起來也不是很難。

◆ 三、美國資本市場的門檻

美國資本市場的構成，全國性的交易所包括紐約證券交易所（NYSE）、全美證券交易所（AMEX）、那斯達克市場（NASDAQ）和告示板市場（場外交易系統，OTCBB）。區域性的證券市場包括費城證券交易所（PHSE）、太平洋證券交易所（PASE）、辛辛那提證券交易所（CISE）、中西部證券交易所（MWSE）以及芝加哥期權交易所（Chicago Board Options Exchange）等。

這些交易所各有其定位和特點：

（1）紐約證券交易所是全球最大的公司，2007 年由原紐交所與泛歐交易所合併，管理最嚴格，上市標準高；

（2）全美證券交易所股票和衍生證券交易突出，上市條件比紐交所低；

（3）那斯達克是完全的電子證券交易市場，採用代理交易制，交易活躍，主要針對具有高成長潛力的大中型公司，尤其是科技股；

（4）場外交易系統市場是那斯達克股市直接監管的市場，與那斯達克股市具有相同的交易手段和方式，對企業的上市要求比較寬鬆，主要滿足成長型中小企業的上市融資需要。

對於中國企業來說，赴美上市時紐交所和那斯達克是最主要的目的地。下面列舉的是這兩個交易所對上市公司（非美國註冊）的一些要求。

（一）紐交所上市門檻

按照《紐約證券交易所上市規則》的內容，（針對非美國註冊的公司）主要要求如下：

1. 財務標準（4 個標準當中滿足其一）

（1）標準一：即《收入測試 103.01B（1）》，簡稱「稅前收入標準」。

要求：最近三年的總和為 1 億美元，其中最近兩年中的每一年均達到 2 千 5 百萬美元；

（2）標準二（a）：即《附帶現金流測試的估值／營收 103.01B（2）（a）》，簡稱「現金流量標準」。

要求：對於全球市場總額不低於 5 億美元、最近一年收入不

少於 1 億美元的公司，最近三年累計 1 億美元，其中最近兩年中的每一年達到 2 千 5 百萬美元；

（3）標準二（b）：附帶現金流測試的估值 / 營收 103.01B（2）（b），簡稱「純評估值標準」。

要求：最近一個財政年度的收入至少為 7 千 5 百萬美元，全球市場總額達 7.5 億美元；

（4）標準三：附屬公司測試 103.01B（2）（a），簡稱「附屬公司標準標準」或「關聯公司」。

要求：擁有至少 5 億美元的市場資本；發行公司至少有 12 個月的營運歷史。

2. 發行規模標準

（1）股東數量：全球範圍內有 5 千個持 100 股以上的股東；

（2）公眾持股數量：全球有 250 萬股；

（3）公開交易的股票的市場值總和：全球範圍內達 1 億美元。

（二）那斯達克上市門檻

按照那斯達克交易所的要求，上市公司（針對非美國註冊的公司）在上市時以及上市後必須持續滿足以下三種標準中的一種：

標準一：

（1）股東權益達 1 千 5 百萬美元；

（2）最近一個財政年度或者最近三年中的兩年中擁有 1 百萬美元的稅前收入；

（3）110 萬股的公眾持股量；

（4）公眾持股的價值達 8 百萬美元；

（5）每股買價至少為 5 美元；

（6）至少有 4 百個持 100 股以上的股東；

（7）有 3 個做市商；

（8）滿足公司治理要求。

標準二：

（1）股東權益達 3 千萬美元；

（2）110 萬股的公眾持股；

（3）公眾持股的市場價值達 1 千 8 百萬美元；

（4）每股買價至少為 5 美元；

（5）至少有 4 百個持 100 股以上的股東；

（6）有 3 個做市商；

（7）有兩年的營運歷史；

（8）滿足公司治理要求。

標準三：

（1）市場總值為 7 千 5 百萬美元；或者，資產總額及收益總額均達 7 千 5 百萬美元；

（2）110 萬股的公眾持股量；

（3）公眾持股的市場價值至少達到 2 千萬美元；

（4）每股買價至少為 5 美元；

（5）至少有 4 百個持 100 股以上的股東；

（6）有 4 個做市商；

（7）滿足公司治理要求。

銀科控股：
創立五年即上市的「獨角獸」

公司名稱：銀科投資控股有限公司

股票代碼：YIN.O

所屬行業：投資銀行業與經紀業

海外主體成立日期：2015 年 11 月

註冊資本：30,000 USD

註冊地址：開曼群島

境內主體成立時間：2011 年

員工人數：1,891 人

董事長：陳文彬

第一股東：陳文彬（29.29%）

上市時間：2016 年 4 月 27 日

募集資金總額：1.1 億美元

總市值：13.66 億美元

銀科控股是中國最大的大宗商品現貨線上交易服務提供者，成立於 2011 年，總部位於上海浦東。公司主要是為個人投資者在中國三大貴金屬交易所 [1] 進行白銀、黃金和其他貴金屬或大宗商品現貨投資提供線上交易服務。

銀科控股針對個人客戶提供的服務包括帳戶開立、投資者教育、市場訊息、研究報告、直播論壇以及即時的服務支援等。作為交易服務商，其主要收入來源為傭金收入等服務收入。

銀科控股算是金融科技領域中的「獨角獸」。招股說明書顯示，2013~2015 年，銀科控股的營業收入分別為人民幣 6.29 億元、11.57 億元、12.45 億元，利潤分別為人民幣 1.07 億元、4.82 億元、4.03 億元。

2016 年 4 月 27 日，銀科控股在那斯達克交易所掛牌，成為中國大宗商品現貨行業上市第一股。這次上市，使銀科控股有條件完成對同業競爭對手——香港貴金屬交易品牌「金大師」的收購，實現在業界的擴張，市場占有率從 4% 快速提高到了 10%。

◆ 一、上市訴求

（一）緊跟市場機遇

在銀科控股上市前幾年，中國的投資市場正在快速、多元化

---

1 中國三大貴金屬交易所包括上海黃金交易所、天津貴金屬交易所和廣東貴金屬交易中心。

發展，市場機遇不容錯過。

中國投資者的資產配置尚處於早期階段，增長空間巨大。全球高淨值人士在本國之外配置資產的平均比例為 24%，在中國，目前這一比例為 5%[2]。

2008~2015 年，中國公民持有的投資資產總額從 6 兆美元增長到 17 兆美元，複合年增長率達到 19%[3]。預測這一數字在 2016~2021 年將以 12.7% 的複合年增長率增長。

大宗商品是受中國投資者偏愛的領域。與股票相比，現貨交易在中國是一個發展較晚但增長較快的市場。2011~2015 年，現貨商品交易成交量複合年增長率達到 35.4%。預測 2015~2020 年，複合年增長率將達到 26.9%[4]。

個人投資者參與全球資產配置一般面臨三道難關：專業關、資訊關和資產關。服務商要想抓住市場增量，與快速增長的投資需求同步，必須不斷提高服務能力。

銀科控股的服務模式是透過大眾行銷方式，如電視廣告、搜索引擎、門戶網站以及 APP 下載等來發展潛在客戶，進而透過網路或電話交流進行深度行銷，將潛在客戶轉化為現實客戶，進而為客戶提供交易服務並收取交易傭金。

在大量的投資人群中，銀科控股針對的是有足夠專業性以及風險承擔能力的投資人，並設立了首筆投資能夠達到 10 萬元以上這一門檻。

（二）提高行業集中度

貴金屬（主要是黃金和白銀）的現貨交易市場，是一個非常分散的市場，也是一個高競爭力的市場，雖然銀科控股市場地位

領先，但也只占了 4% 的市場占有率。

目前中國提供貴金屬現貨交易的交易所有多家，國家級的貴金屬交易平臺包括：上海黃金交易所、上海期貨交易所、天津貴金屬交易所、廣東省貴金屬交易中心。規模較大的省級交易所包括：福建省海西商品交易所、湖南省南方稀貴金屬交易所、上海長江聯合金屬交易中心、浙江省滙豐貴金屬交易市場、江蘇大圓銀泰、海南大宗商品交易中心等。

而每家交易所背後都有幾十個甚至幾百個「會員單位」，即交易服務商，全國市場上活躍的交易服務商有上千家。規模較大的服務商在廣東有深圳國鑫金服、國儲鑫源貴金屬等，在上海有滙銀天下、盤天、金鑰匙等。由於市場主體眾多，開戶競爭激烈，能被全國廣泛認可的品牌服務商較少。

銀科控股旗下的服務平臺「銀天下」，在 2015 年是中國最大的在線現貨交易服務商，占天津貴金屬交易所總交易額的 15.5%，占廣東貴金屬交易所交易額的 10.4%。至招股書發布時，銀科控股有超過 5.5 萬名客戶開設帳戶，2015 年度活躍帳戶超過 2.4 萬個，總成交額達 6,598 億元人民幣。

貴金屬現貨交易服務商的更大發展主要依賴於用戶群的繼續擴張和用戶體驗、用戶黏性的提升，銀科控股在各家交易服務商

---

2 資料來源：宜信公司《2016 全球資產配置白皮書》。
3 資料來源：中國招商銀行及貝恩公司資料。
4 資料來源：銀科控股上市招股書。

中率先實現上市，能夠快速提升品牌影響力，並透過業界併購等方式做大規模，增強競爭力。

（三）搶搭互聯網金融快車

銀科控股的市場占有率正受到互聯網平臺的挑戰。例如，網易互聯網貴金屬交易平臺，基於行動互聯網開展業務，開戶門檻較低，交易更加便捷，聚集了近百萬的交易使用者，不足之處是客戶平均投資金額小。截至 2015 年年底，網易平臺累計成交額超過 1 千 8 百億元，成為貴金屬行業成長最快的交易平臺。

此外，像 BAT[5] 等互聯網金融巨頭所提供的理財服務也在往多元化方向發展，一旦線上支付工具和線上理財平臺開始涉足貴金屬交易服務領域，將極具競爭力。這些互聯網金融巨頭的活躍用戶以億計，例如，支付寶 2016 年的實名用戶達到了 4.5 億個。但目前除網易外，其他巨頭尚未大規模進入貴金屬現貨投資領域。

銀科控股努力順應互聯網金融的潮流，走的是金融科技助力行業發展的道路。公司旗下有「銀天下」和「大象貴金屬」兩個子品牌，其中「銀天下」主營現貨白銀、黃金等貴金屬現貨交易服務；「大象金服」致力於互聯網金融產品研發、營運，如現貨行業首款投資者教育交易軟體「微盤寶」和中國第一款可交易貴金屬的手機軟體「大象貴金屬」。

致力於互聯網交易產品的研發，以及在大資料和人工智慧發展方向的投入，是銀科控股上市募集資金的目的之一。

◆ 二、關鍵努力

（一）上市時機選擇：抓住業績爆發期

在一個充滿競爭的行業裡，企業必須有較快的業績增長才能支撐較高的估值。對於擬上市企業來說，最樂意看到的就是上市前營業收入和利潤大增，因為這樣有利於估值。而這樣的機會，在 2016 年上半年被銀科控股趕上了。

在這之前幾年，2013~2015 年間白銀價格波動幅度不大，市場活躍度一般。2016 年上半年，貴金屬價格出現趨勢性上漲，現貨交易迎來了爆發的行情。

當時從國際環境來看，受全球經濟增速放緩、利率走低、英國脫歐等一系列事件的影響，使得貴金屬價格大幅反彈。國際間現貨黃金上半年漲幅高達 25%，現貨白銀更是上漲 35%，為 1985 年以來所罕見。

從中國環境來看，2015 年 A 股「股災」發生後，習慣於「做多」的中國投資者大量往房地產和大宗商品等領域進行資產配置。隨著「賺錢效應」的顯現，現有投資者傾向加大投資額並頻繁進行交易，活躍客戶數以及戶均交易額均大幅上升。上海黃金交易所官方的月度市場報告顯示，其主力交易品種「黃金 T ＋ D」交易額出現井噴之勢，2016 年 3 月創出 5,150 億元的歷史新高。

---

5 BAT，指百度、阿里（螞蟻金服）、騰訊所代表的大型互聯網金融平臺。

作為上海黃金交易所會員單位，銀科控股 2016 年第一季客戶交易額達到 3,094 億元，同比增長 104.6%[6]。交易額的提升，加上新客戶轉化率的[7] 提升，以及「獲客」成本降低，銀科控股淨傭金收入預期也在大幅增長。其中 2016 年第一季產生的淨傭金和手續費收入為 3.87 億，同比增長 44.9%。第二季交易額預計達到 4,140 億元，同比增長 126.2%，季收入預期提升至 5 億元。

下圖為銀科控股上市前的交易額和傭金收入變化趨勢。

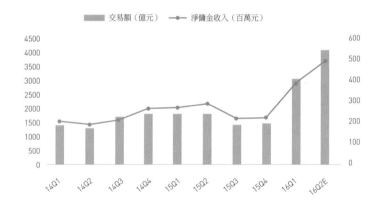

資料來源：銀科控股財務報告、雪球財經

正是基於這樣的業績增長態勢，銀科控股把發行價定在了每股 12.50~14.50 美元，總市值在 8 億美元左右。

銀科控股在開曼群島註冊成立上市主體公司的時間是 2015 年 11 月，彼時正值 A 股低谷時期，大宗商品交易市場期待著新

境外融資 2：
20 家企業上市路徑解讀

一輪行情的出現。銀科控股選擇在這個時候啟動上市，時機把握得恰到好處。

（二）上市路徑的選擇

銀科控股創立於 2011 年，只用了短短的 5 年時間就實現了上市，這與上市地點的選擇有很大關係。如果選擇在中國 A 股排隊，可能還需要等待三四年。

按照 A 股對擬上市公司的要求，公司至少實現三年盈利才可申請上市，即具備排隊的資格。而在銀科控股赴美上市的時點上，A 股大門外排隊等待的企業有 7 百多家。此前，中國曾有過長達一年半的 IPO 暫停，導致大量的擬上市企業進入長期排隊的狀態。

更讓 A 股大傷元氣的是 2015 年 6 月開始的那場千股跌停的「股災」，A 股股價遭遇「腰斬」，形成一個巨大的懸崖，上證綜指從 5,000 多點跌向了 3,000 多點。到 2015 年年底，又出現一次深跌，上證綜指再跌去 1,000 點，進入了 2,000 多點的區間。至銀科控股赴美上市前，上證綜指在 3,000 點左右徘徊。

在那次「股災」之前，2015 年 6 月 9 日證監會審核透過了 24 支新股。而「股災」發生後，此前過會的 28 家企業暫緩發行，隨後的幾個月新股發行暫停。到 11 月，IPO 重啟，但當月只有 10 支新股上市申購，且都是前期暫緩的 28 家中的 10 家。再往

---

6 資料根據銀科控股 2016 年第一季財務報告。
7 指由潛在客戶轉化為現實客戶的比例。

後幾個月的發行主要是解決此前的「淤積」。

對於銀科控股來說，要想在 A 股進行 IPO，所面臨的「不確定性」因素有很多，還不只是只有 5 年發展歷史這一個方面。考慮到包括現貨交易在內的大宗商品交易具有高風險高收益的行業屬性，在中國政策上被謹慎對待。目前與互聯網金融等類金融業務屬於不鼓勵上市之列，未來能否得到中國證監會的支持是個未知數。此前幾年，貴金屬現貨交易領域一直被證監會等部門重點整治。

因此，銀科控股要想快速上市，只能考慮 A 股之外的路徑。

下圖為上證綜指近兩年的走勢，其中的最高點 5,178.19 出現在 2015 年 6 月 12 日，最低點 2,638.30 出現在 2016 年 1 月 27 日（資料更新至 2017 年 4 月初）。

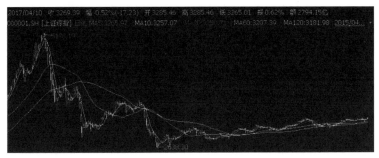

資料來源：Wind

而美國資本市場的門檻比 A 股和港股都低，銀科控股的英文名稱「YINTECH」中包含的科技概念較符合那斯達克的定位，於是那斯達克成了其最合理的選擇。

當時在美國 IPO 發行處於低谷，2016 年第一季美國僅有 8 家企業成功發行新股，同比下降了一半以上，創下美國 IPO 市場 20 多年以來的最低水準。雖然市場不夠熱鬧，但對完成發行計畫有利，因為發行通道不擁擠，有限的新股平均能夠吸引更多投資者的關注。

在海外路演期間，銀科控股接觸了 1 百多家基金。其發現與中國相比，歐美的投資者對其業務更為瞭解，業務性質被視為接近歐洲的外匯交易商。尤其那些持有歐洲外匯公司股票的投資者，對銀科控股更為接受。

在銀科控股之前，中國概念股百濟神州（BGNE.O）作為當年第一家赴美上市的中國企業，於 2016 年 2 月在那斯達克上市，每股發行價為 24 美元，募資 1.58 億美元，超過預期。這對銀科控股也是個鼓勵。

下圖為百濟神州（BGNE.O）在美上市以來的股價走勢（資料更新至 2017 年 4 月初）。

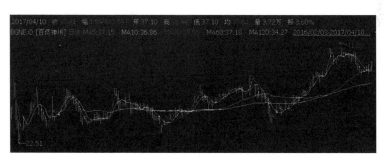

資料來源：Wind

（三）對商業模式的調整與堅守

讓銀科控股獲得資本市場認可的原因除了中國市場占有率第一的地位之外，還有其長期堅持的商業模式。

在大宗商品的現貨投資行業，合規運作和風險把控能力是企業發展壯大的重要防護。在奔向「一流金融科技公司」的歷程中，銀科控股有以下兩方面把握得比較到位。

一是基於中國經濟形勢與政策調整企業發展戰略。為順應「供給側改革」的背景，國家對大宗商品現貨交易提出了「脫虛向實」、「聯結實體經濟」的發展要求，銀科控股以「金融服務實體經濟」為發展方向，從戰略上做出調整：旗下核心品牌「銀天下」於 2013 年成立現貨貿易公司，滿足上游企業的回款和下游企業的用銀需求，為上下游企業提供便利、有效的採購和銷售。這種調整帶來的好處是，在 2011~2014 年由中央政府和金融監管部門發起的針對大宗商品行業，尤其現貨交易市場的連續整頓中，銀科控股未受任何影響，得以順勢做大。

二是基於長遠發展目標，對投資者（即客戶）利益的保護。在商業模式的核心機制設置上，銀科控股堅持不以「交易頭寸」作為主要盈利點，不將自身立於投資者的對立面。其中的一個重要表現是，從現貨交易業界流行的「做市商制」往「撮合制」的交易模式轉變。在「做市商制」交易模式下，會員單位（即服務商）既作為經紀商亦作為客戶的交易對手方，既賺取客戶交易傭金，也享有交易頭寸的潛在收益機會；但在這一模式下，存在利用客戶的交易虧損賺取盈利的道德風險。而在「撮合制」的交易模式下，服務商主要賺取傭金，減少了客戶可能面臨的「資訊不

對稱」的風險。

此外，在內部管理上銀科控股實行前端銷售與後端客服分離，以客戶滿意度作為主要考核指標，減少了員工利益與客戶利益之間的衝突。正是由於這些堅守，幫助銀科控股在中國市場的千軍萬馬中占據領先地位，並進而獲得了國際投資者的認可。

◆ 三、上市成效

（一）發行效果與市場表現

2016 年 4 月 27 日，銀科控股成功登陸那斯達克，每股開盤價為 13.8 美元，並且開盤就以上千萬股成交，升幅一度達到 3%。

銀科控股此次以每股 13.5 美元發行了 750 萬股 ADS[8]，融資 1.0 億美元。此外，銀科控股還受到了來自新浪北美的大力支持，包括 1 千萬美元同步私募融資支持，使募集資金總額達到 1.1 億美元，總市值接近 8 億美元。此外，按照承銷商的超額配售權，此後 30 天內還可再追加發行最多 112.5 萬股 ADS，額外募集 1 千 5 百萬美元。

作為當年在美國上市的第三家中國公司[9]，銀科控股受到了

---

8 ADS，即美國存託股票，每股 ADS 相當於銀科控股 20 股普通股。

9 2016 年除了 2 月在美上市的百濟神州，3 月份，香港李嘉誠的長江和記實業有限公司旗下製藥公司和記中國醫療科技有限公司在納斯達克上市，募集 1.1 億美元。

《華爾街日報》等美國媒體的關注，當地媒體將其定義為「中國科技公司」，這是美國人最易理解的概念之一。

上市不到一年，銀科控股的股價已經上漲到了 20 美元以上，最高至 22.44 美元。

下圖為銀科控股在美上市以來的股價走勢（資料更新至 2017 年 4 月初）。

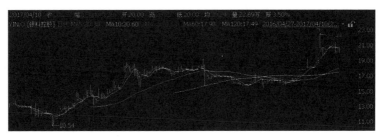

資料來源：Wind

（二）實現對同業競爭對手的併購

銀科控股上市後不久的一個大動作，便是在 2016 年 8 月 24 日全資收購同業競爭對手「金大師」，以強化其黃金板塊的業務。

「金大師」是占據上海黃金交易所個人客戶交易量首位的會員單位，經過三四年的發展，「金大師」自 2015 年開始實現盈利。該企業有兩個核心指標走在行業前列：一是「獲客」成本顯著低於行業平均水準；二是戶均交易額近 1 億元。

按照銀科控股公布的資料，「金大師」在上海黃金交易所的綜合市場占有率超過 20%。過去兩年，「金大師」的客戶交

易量實現了爆發式的增長：2015 年上半年，客戶交易量約 1 千 5 百億元，下半年約 4 千 5 百億；2016 年上半年達到約 7 千 5 百億元。

在這次收購中，銀科控股動用了 0.42 億美元現金，外加 1.51 億美元等值股票。收購所需的這些資金主要來自於成功赴美上市。

收購「金大師」後，銀科控股核心品牌擴展為：銀天下、大象貴金屬和金大師等，其在貴金屬現貨交易服務行業的布局實現了「黃金＋白銀」的雙龍頭地位。自 2016 年 9 月 1 日起，銀科控股開始合併「金大師」的資料，其客戶量達到 10 萬量級，公司的收入及利潤規模得到進一步提升。

銀科控股上市之後實現擴張的另一步是擴大領地，與更多交易所建立合作。2016 年 6 月 29 日，銀科控股旗下「大象金服」與恒大金屬交易中心簽署戰略合作協定，「大象金服」成為恒大金屬交易中心首家會員單位，雙方還聯手推出行動互聯網貴金屬交易平臺「大象金屬 APP」。

恒大金屬交易中心於 2015 年 11 月 23 日在南昌成立，是唯一一家在整個行業面臨清理整頓期間獲批的交易平臺。

（三）盈利能力顯著提升

在完成對「金大師」的收購後，銀科控股 2016 年第四季報報告顯示，季客戶交易量同比增長 834% 至人民幣 1,419 兆元；營業收入同比增長 305.9%，達到 10.61 億元；Non-GAAP[10] 淨利潤同比增長 780%，達到 4.9 億元。

銀科控股 2016 年全年客戶交易額同比增長 351.1%，達到

人民幣 2,978 兆元，營業收入同比增長 118.3%，達到 27,195 億元；Non-GAAP 淨利潤同比增長 155.2% 至 11.08 億元。

目前，銀科控股的盈利能力在中國已經超過了一些知名的金融服務平臺，例如東方財富網[11]，甚至超過了一些知名券商。

（四）繼續發力互聯網金融

銀科控股旗下的「大象金服」在基於行動互聯網的貴金屬交易服務方面先人一步，於 2015 年 8 月聯合廣東貴金屬交易中心推出「微盤寶」，這是中國首款基於微信平臺的交易服務產品，交易門檻較低，側重於在開戶、存金、交易、結算等方面的用戶體驗。銀科控股在美上市後，2016 年 6 月，「大象金服」開展「中盤」業務，門檻設定為 5 萬元，定位於起點規模為 5 萬 ~10 萬元的現貨投資者。與恒大金屬交易中心聯手推出「大象金屬 APP」也是在互聯網金融服務領域發力的一部分。

由於「大象金服」引入了協力廠商支付，可實現 3 分鐘完成開戶，相對於傳統的開戶流程便捷了許多。未來，銀科控股將不斷加強基於行動端的客戶體驗，以保持甚至擴大相對優勢。目前銀科控股的客戶交易以線上交易為主，占比接近 90%，主要集中於行動端。

此外，銀科控股旗下的研究團隊正在嘗試利用大資料技術為客戶提供更高效率、更加精準的個性化服務。

（五）總結與點評

作為一家只有 5 年發展歷史的新興企業，銀科控股的發展路徑非常明顯：以健康的商業模式立足市場，以金融科技創新吸引個人投資者，赴美上市縮短上市年限，再以上市募集到的資金展

開併購，提高行業集中度，在競爭激烈的市場中夯實企業龍頭地位。

這其中，銀科控股除了在商業模式上的打造外，其制定合理的上市路徑和選擇合適的上市時機是實現後續一系列戰略成功的關鍵。

銀科控股的成功之道值得業界人士參考學習，尤其對於快速成長中的大量金融科技公司而言更有借鑑作用。

◆ 四、同業企業上市現狀

銀科控股是中國貴金屬交易服務行業的上市第一股，同樣從事這一領域的網易平臺亦被海外投資者看好。

網易平臺

網易貴金屬擁有百萬活躍用戶，是目前中國黃金白銀交易市場中基於行動端進行服務的最大的交易平臺。

作為一家老牌的門戶網站，網易不斷推出新的業務，除了原有的線上遊戲和手遊業務增長，網易貴金屬投資服務業務的爆發，為網易營業收入的增長做了非常大的貢獻。

---

10 GAAP（Generally Accepted Accounting Principles）是一般公認會計原則；
　　Non-GAAP 可以理解為經過調整後的結果。
11 東方財富網 2016 年營業收入為 23.5 億元人民幣。

隨著銀科控股招股書的披露，網易在貴金屬交易領域的規模始為人所知。截至 2015 年年底，網易貴金屬累計成交額超過 1 千 8 百億元。2016 年，網易平臺啟動「貴金屬人工智慧戰略」，上線互聯網貴金屬智慧大資料分析平臺，用人工智慧的方式，為散戶投資者做出有利判斷。

　　在各類創新業務的支撐下，美股網易（NTES.O）的股價大幅上升。2015 年 8 月，網易股價只有 100.10 美元，銀科控股在美上市期間則突破了 2 百美元，到 2017 年 3 月突破 3 百美元，截至目前的最高點為 3 月 1 日的 308.66 美元，隨後在 3 百美元左右徘徊。若從 2001 年 7 月 26 日的最低價 0.51 美元起算，15 年來網易的複權股價 [12] 累計漲幅達 2,023 倍。

　　下圖為網易的過去兩年來的股價走勢（資料更新至 2017 年 4 月）。

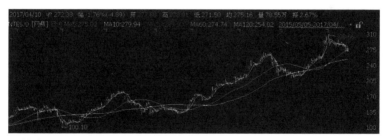

資料來源：Wind

---

12 複權是指不考慮分紅、送轉等因素的影響，按照股票的實際漲跌繪製股價走勢。

百濟神州：
創業中的生物科技公司

....

公司名稱：百濟神州生物科技有限公司

股票代碼：BGNE.O

所屬行業：生物科技

成立日期：2010 年 10 月 28 日

註冊資本：950,000 USD

註冊地址：開曼群島

員工人數：322 人

董事長：歐雷強

第一股東：Baker Bros. Advisors LP（24.66%）

上市時間：2016 年 2 月 3 日

募集資金總額：1.58 億美元

最新股價：38.33 美元（2017 年 4 月初）

最新本益比（TTM）：未知（無盈利）

總市值：15.29 億美元

一家從事生物科技領域研究的企業，創立至今 5 年，尚無定型的產品可供規模化生產，還處在「燒錢」的創業階段——如果是在中國，這樣的企業達不到上市的標準；但該企業赴美上市成功登陸那斯達克，並募集到了 1.58 億美元資金，總市值達到 15 億美元以上，這家企業就是百濟神州。

百濟神州是首家赴美上市的中國創新型生物醫藥企業。因為能夠得到那斯達克和美國投資者的認同，公司才有成功上市的機會。百濟神州的案例表明，在海外資本市場，衡量企業價值的不只是產品、營業收入、利潤數字等，更重要的是企業的發展潛力。

百濟神州於 2010 年由著名美籍華人科學家王曉東 [1] 和美國企業家歐雷強 [2] 聯合在華創辦，擁有 150 多名科學家和員工，從事標靶和腫瘤免疫治療藥物領域的研究，打造了一個新型轉化醫學平臺。到上市時，公司已有四個自主創新並擁有全球專利的產品進入國際臨床試驗階段，並已用於治療 4 百多位患者；有兩個臨床階段的藥物透過了美國食品藥品監督局的審評，將繼續在美國開展臨床試驗；還有兩個藥物獲得了中國國家食品藥品監督局的臨床試驗批復，將在中國開展臨床試驗。但至招股書發布時，這些產品均處於「在研階段」。

◆ 一、上市訴求

（一）推動創新技術成果落地

王曉東從事細胞凋亡研究，旨在揭示細胞生長與死亡的規

律，從而為癌症等疑難雜症治療提供重要的理論依據。他曾在國際學術刊物上發表論文 50 多篇，被同行引用 5 萬多次，獲得多項重大突破。在創辦百濟神州之前，王曉東已經擔任中國科技體制改革的試驗田——北京生命科學研究所所長。為積極推動創新技術成果落地，滿足中國和全球市場對生物藥開發及應用日益增長的需求，2011 年年初，王曉東和具有多年製藥公司管理經驗的美國企業家歐雷強籌資 3 千 2 百萬美元，聯手創辦百濟神州，致力於抗癌和免疫治療領域的新藥研發。

當前，全球患癌症的患者越來越多，而多數癌症患者到了晚期基本上無藥可治。經過幾 10 年的研究積累，國外在抗腫瘤新藥研發方面進展迅速，在標靶藥物和免疫抗腫瘤藥物領域不斷有新藥上市。與傳統的放化療相比，新藥物就像「精巧炸彈」，療效明顯、可持續，副作用小，市場潛力巨大。

根據花旗集團的預測，免疫治療市場空間將達到 350 億美元。未來 10 年，將會有超過 60% 的癌症患者接受免疫治療。

1　王曉東博士，美國國家科學院院士、中科院外籍院士，以研究細胞凋亡規律而著名。1985 年赴美留學，2001 年任德克薩斯大學西南醫學中心生化系講席教授，次年成為霍華德‧休斯醫學研究所研究員。2004 年 4 月，41 歲的他當選美國科學院院士，成為中國 20 多萬留美人員中獲此殊榮的第一人。2010 年 10 月，他辭去在美國的職位，全職回國擔任北京生命科學研究所所長。

2　John Oyler，中文名為歐雷強，企業管理經驗豐富，曾是保諾科技（BioDuro）的創始人、生物科技公司 Galenea 的首席執行官、抗腫瘤藥物研發公司 Genta 聯席首席執行官、移動通信公司 Telephia 的創始人。

可作為參照的幾種全球明星藥的前景，例如，到 2020 年，百時美施貴寶公司（BMS）的 Nivolumab 銷售額預計為 48.0 億美元；默沙東的 Pembrolizumab 銷售額預計為 34.0 億美元；羅氏的 Atezolizumab 銷售額預計為 15.0 億美元；阿斯利康的 Durvalumab 銷售額預計為 12.0 億美元。

（二）研發的高投入

在取得突破性的成果之前，連續多年致力於研發，需要高成本投入，這是百濟神州所屬的生物科技類公司的特點。在全球，百濟神州面臨不少競爭對手。例如百時美施貴寶和默沙東，旗下都分別有上百個與抗癌新藥有關的臨床實驗在進行研製。

作為研髮型企業，初期必須「燒錢」，對於百濟神州來說其「燒錢」的地方與以下因素有關：

一是不惜重金，吸引高端人才，公司從默沙東、輝瑞、強生等跨國企業中聘請了多位研發與管理精英，組建起高水準、多學科的研發團隊。

二是購置全球最好的儀器設備，建成一流的化學藥物實驗室和生物藥物實驗室，相關的投入動輒以億元計。

三是多個實驗室同步進行研發，從小分子標靶化學新藥和大分子免疫抗腫瘤生物新藥兩路進發，同時布局 10 多個新藥的研發。

四是研發的高風險，設計、生產、工藝開發等等，任何一個環節出了問題，專案就前功盡棄。公司最初的幾個研發項目就曾宣告失敗。

五是研發的週期長，除了早期研究，還要經過 3~6 年的化

合物研究和臨床前研究，再經過 6~7 年的三期臨床研究，才可申請審批和上市，總共需要十幾年時間。難怪王曉東曾說：「我唯一感到難受的，是研發的新藥不能很快讓中國的患者用上」。

由於短期內沒有新藥可供上市銷售，很容易面臨資金鏈斷裂。百濟神州招股書顯示，2013 年，營業收入為 1,114.8 萬美元，淨虧損 11 萬美元；2014 年，公司營業收入為 1,303.5 萬美元，淨虧損 20.6 萬美元。公司最困難的時候帳上只有 1 萬多美元，不得不滿世界借錢。

在產品正式問世之前，公司只有少數項目合作可帶來「里程碑金」[3] 的收益。例如百濟神州與默克公司[4] 之間的合作，解決了部分資金問題。2013 年 5 月，百濟神州宣布旗下小分子藥物 BGB-283（在研狀態）在中國之外的全球市場的開發和銷售許可交給默克公司。BGB-283 是用於治療癌症的第二代 B-RAF 抑制劑，這項交易的協定價格高達 2.33 億美元。但按照協議，百濟神州只能分期獲得特許權使用費，條件是所支持研發的藥物若取得臨床研發或商業化重大進展。

---

3 里程碑金，指按照約定期限完成項目進展，並分階段獲得研發酬勞的支付。
4 默克是一家全球領先的醫藥健康、生命科學及高性能材料公司，源於德國，以創新和高科技優質產品聞名世界。1953 年，默克公司與沙東公司合併，正式成立默沙東公司。1992 年，默沙東中國公司成立。2009 年 11 月，默沙東公司和先靈葆雅公司宣布完成合併。

◆ 二、關鍵努力

（一）借助全球資源加快發展

在赴美上市之前，百濟神州已經是一家國際化程度很高的公司，因此，公司在謀求上市時，容易得到海外投資者的認可。

百濟神州的國際化發展體現在以下幾方面：

一是把全球領先作為自己的發展目標。

按照創始人王曉東的定位，「高打高舉，不走尋常路，要做就做全球最好的抗癌新藥」。所謂「高打高舉」就是著眼全球最尖端的研發水平和潮流，依靠深厚的科學背景、強大的研發能力和科學的研發策略，做到每研發出一款產品都屬全球領先。一旦國外有最新的藥物專利發表，公司透過解析對比，如果發現自身正在研發的新藥沒有國外的好，就堅決放棄，重新設計新的藥物，以最大限度地節省資源，少走彎路。

正因為如此，百濟神州研發的標靶型藥物 BGB-283、BGB-290 能夠引起德國老牌製藥企業默克公司的興趣。後續研發的標靶型藥物 BGB-311、免疫抗腫瘤藥物 BGB-317 等也都屬全球領先，臨床試驗療效顯著，並且副作用小，優於全球同類其他藥物。

二是國際化的團隊和全球協作的研發模式。

其公司在中國、美國、澳洲及臺灣地區建立了研發團隊，全職研發人員、員工和研發顧問組成的全球團隊總計超過 3 百人，其中包括 2 百多名科學家及臨床醫學專家。

國際化的發展道路與中國的機制環境有關，因為中國藥品臨

床試驗審批過程異常緩慢。例如，公司研發的 BGB-283 等藥物的臨床試驗申請在中國和澳洲同時提交，5 個工作日內就在澳洲獲得批准；在中國光「排隊」等待國家食藥監管總局藥品評審中心的評審就花了一年多時間，可能還得半年至一年時間等評審結果出來才可進入 I 期臨床。

因此，百濟神州很多藥物的研發是在海外完成的。例如，標靶型藥物 BGB-311 和免疫抗腫瘤藥物 BGB-317 在澳洲幾家醫院完成 I 期臨床試驗，驗證了藥物的療效，並將繼續在美國進行臨床試驗，以與美國的幾種藥物進行療效對比。

三是吸引國際資本的支持。

在百濟神州第二輪融資時，有來自美國華爾街，包括 Boxer Capital of Tavistock Life Sciences 在內的 3 家生物科技投資基金參與，利於進一步對接美國資本市場並獲得美國投資者支持。

（二）兩輪融資為上市打下基礎

上市前的融資和深入發展是必要的經歷。赴美上市前，百濟神州完成了兩輪融資，先後募集約 7 千 5 百萬美元和 9 千 7 百萬美元。

2014 年 11 月，百濟神州實現 4.5 億元人民幣（約 7 千 5 百萬美元）的融資，主要用於三個抗癌藥物的一期臨床試驗。這輪資金來源於包括高瓴資本、中信產業基金旗下美元基金，以及一家來自美國的藍籌股公共投資基金在內的天使投資人和戰略投資人。

僅僅過了 6 個月，2015 年 5 月，百濟神州完成第二輪融資，規模為 6 億元人民幣（約 9 千 7 百萬美元）。除了已有的投資

機構領投，這一輪又增加了幾家外資機構。這輪融資用於繼續發展腫瘤研發的產品線，擴大全球臨床開發團隊和能力，以及加強CMC 和藥物製劑的生產能力。

在上述融資的支持下，2015 年公司研發了四種臨床階段候選藥物，並驗證了每種藥物的單一用藥活性。在美國、澳洲和臺灣地區的全球臨床開發業務得以建立，並增加了關鍵人員。2016年，公司邁進開展註冊試驗及其他聯合用藥試驗的階段，繼續驗證並公布每種臨床候選藥物的臨床資料結果。

進入新的階段並有了一定的成果之後，百濟神州看到了上市的曙光。

（三）瞄準美國成功上市

對於專注於創新藥研發、尚無成熟產品上市的創業型生物製藥企業來說，面臨著盈利問題、估值問題、研發結果的不確定性等一系列障礙。僅實現三年盈利這道門檻就足以將其擋在中國 A股的大門之外。

百濟神州的境況與美國的研髮型企業類似，初期需要大量資金投入，利用投資者的支持完成新產品的誕生。因此，美國的投資者對於尚處在初創期的研發企業的接受度更高。

王曉東將百濟神州比作中國的基因泰克[5]。基因泰克的產品還在試驗中的時候，人們對它能否取得成功普遍持懷疑態度。公司最初的啟動資金包括創始人 Robert A. Swanson 的私人積蓄2.6 萬美元以及風險投資機構 Kleiner Perkins（科萊勒‧帕金斯公司）提供的 10 萬美元，後者因此持有基因泰克 25% 的股份。

一年多之後，基因泰克成功合成了生長激素抑制素

（Somatos ostatin），這一重大突破使學術界和企業界對基因泰克刮目相看。隨後，基因泰克又取得兩項重大成就：1978年，胰島素轉殖成功；1979年，生長激素轉殖成功。1980年10月，基因泰克在那斯達克上市。而此時，公司只有4年發展歷史，主要產品尚未成型，總收入9百萬美元，稅前利潤30萬美元，總資產5百萬美元。投資者基於對基因泰克的前景的期待而在股價上表示出極大的熱情，股票上市後1小時，股價就從35美元上漲到88美元。2009年，基因泰克被羅氏[6]收購時，估值高達468億美元。

基因泰克之後，無數的生物科技公司在美國湧動。美國《麻省理工科技評論》2016年評選出全球最具創造力的50家公司裡，生物醫療相關的公司有15家，其中有10家公司與基因相關，涵蓋基因測序、基因檢測、基因治療、轉基因、腫瘤免疫療法、資料分析和食品微生物等領域，市值已經超過百億美元的有4家公司。

正是因為有這樣的投資文化，百濟神州在美國資本市場深

---

5 美國基因工程技術公司，簡稱基因泰克，由風險投資家 Robert A. Swanson 和生物化學家 Herbert Boyer 博士於 1976 年創立。
6 羅氏公司始創於 1896 年 10 月，在國際健康事業領域居世界領先地位，總部位於瑞士巴塞爾。羅氏是世界 5 百強企業，業務遍布世界一百多個國家與地區，擁有近 6.6 萬名員工。除了基因泰克，羅氏在全球展開收購。例如，收購了尼古拉斯公司的非處方藥品部門和費森斯公司，使羅氏成為歐洲非處方藥品市場中占有市場占有率最大的公司。

受歡迎尤其是那斯達克交易所，對於上市企業未設利潤方面的門檻。例如，按照那斯達克上市規則（針對非美國註冊的公司）中的「標準一」，上市企業要滿足：（1）股東權益達1千5百萬美元；（2）最近一個財政年度或者最近3年中的2年擁有1百萬美元的稅前收入。這些標準對於百濟神州而言都已經不是障礙。

當然，除了低門檻和投資者的接受度，赴美上市也是為了對公司品牌進行宣傳，擴大百濟神州在美國的影響。一方面利於將來再融資或轉板，另一方面也為將來把產品推廣到美國市場打下基礎。

（四）估值方法

對於創業期的研髮型企業來說，上市時的估值的確方式不太一樣，往往是按照其未來的收益進行估值。百濟神州的估值是如何進行的呢？

在美國，針對生物科技類公司的估值邏輯通常是按 PS 估值法 [7]：未來 5 年藥物預計是以銷售高峰值的 5 倍 PS 或者 6 倍 PS 來進行估值，即未來 5 年藥物預計銷售高峰值乘以一個倍數，這個倍數大約為 5~6 倍。

百濟神州上市時的市值在 8 億美元左右，只要未來 5 年內的銷售高峰值可達到 1.6 億美元，按照 5 倍的 PS 值進行估值即可。即 1.6 億美元 ×5=8 億美元。

而按照百濟神州目前的研發階段和已有成果，包括與默克公司等之間的合作，已有多款藥物可在未來幾年內形成數億美元的收益，高峰值收入可以實現 1.6 億美元以上。

公開資料顯示，百濟神州在美上市時，預期未來將率先實

現收入貢獻的成果包括：口服高選擇性和強效的 BTK 抑制劑 BDB-3111，與默克雪蘭諾合作開發的 BRAF 抑制劑 BGB-283 和 BGB-290，以及 PD-1 單抗 BGB-A317，這些已經進入 I 期臨床試驗階段。另有 5 個藥物處於臨床前研發階段。

◆ 三、上市成效

（一）發行超預期

美國股市 2016 年經歷股指波動，百濟神州雖是在資本寒冬、中國概念股紛紛私有化的背景下逆向發行，但仍獲得了投資者的追捧。

公司在發行前曾上調發行規模及融資額，發行規模由此前的 550 萬股 ADS 上調至 660 萬股 ADS；每股發行價為 24 美元，為預定區間 22~24 美元的上限；實際募集資金 1.58 億美元，超過預期。

百濟神州掛牌首日每股收盤價為 28.32 美元，較發行價 24 美元上漲 18%。

下頁圖為百濟神州在美上市以來的股價走勢（資料更新至 2017 年 4 月初）：

---

7 在 PS 估值法中，P 是股價，S 是每股的銷售收入，取 P/S 值為參考。

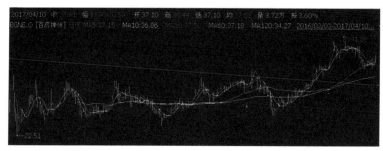

資料來源：Wind

（二）新的發展階段：藥品生產基地動工

百濟神州上市募集資金除了繼續支援其在中國、臺灣、澳洲、美國等國家與地區的研發業務外，還支援藥品生產基地的建設，包括在江蘇蘇州、廣州黃埔等地。

早在 2015 年 5 月，蘇州生物產業園正式開園時，百濟神州即入駐，主要業務為包括小分子藥物的產業化和大分子藥物的中試研發。但在當時，百濟神州已經預感到「在建的基地不能滿足現有產品研發的進度」。

成功在美上市之後，一個新的基地建設計畫啟動。2017 年 3 月，總投資 22 億元人民幣的百濟神州生物製藥專案在廣州黃埔中新廣州知識城破土動工，項目占地 10 萬平方公尺。這一項目由百濟神州與美國奇異（GE）聯手，其目標是「智造」生物藥，打造千億級生物醫藥產業集群。早期的核心業務是百濟神州的腫瘤治療生物藥品生產。

（三）總結與點評

如果沒有早期投資和那斯達克的支持，可能就沒有基因泰

克；同樣，如果不是走一條國際化的道路並儘快實現在美國上市，百濟神州也成不了中國的那斯達克。

尚處在創業期的百濟神州能成功上市，是靈活的資本市場制度與科技時代的創新機制相匹配的結果。而這樣的匹配，目前在中國還無法實現。

當然，百濟神州的成功是以深厚的實力和可預期的未來貢獻為前提的，只不過那斯達克給了它一個提前的認可。給有潛在價值的企業以機會，這就是那斯達克的好處。按照百濟神州目前的發展趨勢，一旦進入產品化階段，其市場地位可能會迅速超越目前中國市場上現有的製藥企業。

至於同期出現的為數不少的中國概念股回歸 A 股現象，這些企業要麼是已經透過在海外上市實現了前一階段的發展目標，並對重啟 IPO 閘門之後的 A 股心存幻想；要麼是企業自身的潛力未能得到海外投資者的進一步認可，擴大融資的潛力有限。總之，這種回流並不意味著中國概念股不適合美國市場。

而隨著中國監管部門加強對上市公司的監管，例如，在分紅方面的要求，將在一定程度上增加上市企業維持在 A 股掛牌的成本。這意味著未來將有更多的擬上市企業選擇海外資本市場。

◆ 四、同業企業上市現狀

無獨有偶，與百濟神州大致同期赴美上市的還有和記黃埔醫藥，在廣義上也屬中國概念股。和記黃埔醫藥實現了在英國和美國的雙重上市。

而中國 A 股上市的大多數醫藥企業都要經歷多年發展之後才得以上市。例如，中國最大的抗腫瘤藥和手術用藥的研究和生產——江蘇恒瑞醫藥，始建於 1970 年，經歷了 30 年的發展，2000 年在上交所上市。

看似例外的是複星醫藥，1994 年註冊成立，1998 年在上交所掛牌。而實際上，複星醫藥上市時的產品已屬在產狀態，而非在研狀態。據複星醫藥招股書記載：「公司核酸檢測試劑獲 1995 年上海科技博覽會金獎，被列為 1995 年產業化項目，列入 1996 年上海火炬計畫」；以及「克隆伽瑪，即注射用重組 γ 干擾素，是 1996 年度國家級重點新產品，1995 年獲國家衛生部新藥證書『（95）衛藥證字 S-01 號』，1998 年初獲國家衛生部正式生產批文『（98）衛藥准字（滬克隆）S-01 號』，成為中國第一個獲國家批文的同類產品。」

和記黃埔醫藥

和記黃埔醫藥（Hutchison China MediTech，HCM）於 2002 年 9 月成立，位於中國上海張江高科技園區，是香港和記黃埔的全資子公司。公司擁有強大的研發能力並專注於研發腫瘤及自身免疫性疾病創新療法，在癌症和自身免疫性疾病領域開發了多個臨床前和進入臨床研究階段的創新藥物。

2006 年 5 月，和記黃埔醫藥在英國上市，為中國新藥研發企業首次在歐美金融市場成功融資。當時的情況與百濟神州赴美上市時類似，公司有兩個新藥在美國進行臨床實驗，有多個項目處於臨床前研究階段。首次上市後，又經過幾年研發，和記黃埔

自 2009 年開始有候選藥物在中國申報進入臨床試驗階段。

2016 年 3 月，和記黃埔醫藥再登陸美國那斯達克，每股發行價 13.5 美元，募資約 1 億美元。本次上市所募資金主要用於推動候選藥物的臨床開發。赴美上市前，公司已有 9 個候選藥物，並完成 7 項對外授權，合作對象包括阿斯利康、禮來、楊森、默克等跨國製藥企業。

2017 年，和記黃埔醫藥正式啟動兩項針對肺癌的 II 期臨床研究。此前啟動的多個高選擇性肺癌標靶創新藥物的臨床試驗，已經極大推動了肺癌領域的研發進展。

美股和記黃埔醫藥（HCM.O）上市後的股價走勢如下圖所示（數據更新至 2017 年 4 月）。

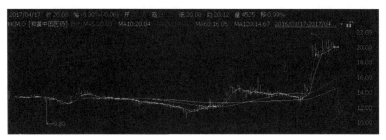

資料來源：Wind

寶尊電商：
上市發力「品牌電商」兆元級市場

公司名稱：寶尊電商

股票代碼：BZUN.O

所屬行業：互聯網軟體與服務

成立日期：2013 年 12 月 17 日

註冊資本：50,000 USD

註冊地址：開曼群島

員工人數：2,984 人

董事長：仇文彬

第一股東：阿里巴巴（發行前 23.50%）

上市時間：2015 年 5 月 21 日

募集資金總額：1.1 億美元

總市值：7.83 億美元

寶尊電商成立於 2007 年，其商業模式定位是品牌電商解決方案（Brand E-commerce Solutions）的提供者，致力於高端企業與品牌的全方位整合策畫，即品牌策畫與 IT 互聯網電子商務整合營運服務。

簡單理解，寶尊在品牌與消費者之間發揮「橋接」功能，為知名品牌提供電商營運服務，即說明建設和營運各品牌在天貓、京東、唯品會平臺上的旗艦店，以及官方網站中的電子商務。寶尊之所以有此機會和發展空間，在於它更懂網購規律，能更高效地運用網路行銷工具，解決如何在網上開店、如何賣得更好的問題。

寶尊的業務模組包括服務模式（service model）和經銷模式（distribution model）。服務模式指為品牌提供 IT、店鋪營運、線上推廣、客服、倉儲物流等服務，相當於代營運服務，但不擁有產品所有權，不參與定價，營收形式為向品牌方收取服務費或傭金；經銷模式相當於代理銷售，平臺擁有商品的定價權，營收形式主要來自商品銷售額。

至上市時，寶尊已與包括耐吉、飛利浦、微軟、蘋果在內的 94 個知名品牌進行合作，業務領域涉及服飾、家電、3C 數碼、家居生活、飲食健康、快消美妝、金融、汽車等。

2010 年 1 月，寶尊獲阿里巴巴戰略投資，持股比例 23.5%。在上市前的融資中，阿里巴巴的投資人軟銀也參與了對寶尊的投資。

◆ 一、上市訴求

（一）瞄準「品牌電商」兆元級市場

阿里巴巴是寶尊電商的第一大股東，寶尊所瞄準的「品牌電商」市場是馬雲電商戰略的一部分。對於阿里巴巴來說，有了淘寶之後，為何還要再發展寶尊？

從功能定位來看，寶尊與淘寶有明顯不同。淘寶為大大小小的線上店家提供了網上零售店鋪，店鋪的經營績效主要靠店家們的投入，包括資金、商品、人力和經營策略等。這些店鋪多屬一人一店或一家一店，經營者能夠專注經營，即便是開設分店或跨平臺開店，也是在積累了豐富的線上經營經驗之後。也就是說，網店經營不需要淘寶平臺操心。

但對於知名品牌來說有些不一樣：知名品牌不可能只開一個小店，有時還要入駐淘寶、京東、唯品會等多個平臺，需要投入更多的成本，需要豐富的經驗和策略；知名品牌既追求銷售額，又要保證品牌的美譽度和智慧財產權保護，要解決有一系列的問題。完整的「品牌電商」業務，需要建立資料庫、發布新的品牌或產品線、線上廣告創意及發布等，這些對傳統品牌構成挑戰。這就是寶尊等專業服務商存在的理由。

寶尊與天貓商城也不同，前者服務於最知名品牌，後者服務於眾多品牌；寶尊服務的品牌可以入駐天貓，二者提供的是不同方面的服務，相互之間是合作，而非競爭關係。

寶尊與 94 家品牌方的合作只是個開始。在消費升級的帶動下，「品牌電商」正在成為一種主要的電子商務形態，深入各個

產品類目、各個管道、供應鏈和價值鏈的各個環節。全球品牌紛紛把電子商務作為在中國實現擴張的戰略管道。根據寶尊電商2016 年 5 月公開發布的數據，「品牌電商」2014 年市場規模約1 千 2 百億美元，預計 2017 年約 3 千 8 百億美元。這就是繼淘寶、天貓商城之後，阿里巴巴繼續布局寶尊電商的理由。

（二）搶跑之後待發力

寶尊的誕生和「品牌電商」行業幾乎同步，但在搶占這一市場時也有不少挑戰和機遇：一是基礎能力，供應鏈和 IT 能力是電商市場競爭的兩大基礎，領先的電商平臺需要大量整合、集成這些基礎能力，集成度越高就越高效；二是速度，整個電商行業仍處在高速發展、快速變化的狀態，電商平臺必須能夠快速跟進和實現；三是創新行銷，基於資料和交易環境的網路行銷（精準行銷）是電商行業新的機遇，各家平臺都在致力發展。

按照寶尊電商的招股書，此次上市募集資金將用於以下方面：加強與品牌廠方的合作關係；擴大合作品牌的數量；提高資料分析能力；加強物流能力；拓展地域範圍；提高「賣客瘋」網站 [1] 的銷售等。

---

1 賣客瘋是一個基於行動應用的 B2C 電子商務商城，為品牌提供過季、瑕疵商品的線上銷售服務。賣客瘋所屬上海尊溢商務諮詢有限公司是寶尊電商集團全資子公司。

◆ 二、關鍵努力

（一）引入軟銀和高盛投資

在寶尊電商的機構股東中，除了阿里還有阿里的股東——「投資之神」軟銀，以及國際資本高盛、凱欣、漢理等。這些機構的出現對寶尊起到「背書」的作用。

軟銀對阿里的投資被視為全球最成功的投資之一。軟銀集團創始人孫正義在 2000 年以 2 千萬美元投資阿里巴巴股份，當時，阿里巴巴仍是一家小型電子商務公司。阿里巴巴上市時造就世界新首富，孫正義所持股份價值 580 億美元，獲利超 2 千倍[2]。

孫正義當年相中馬雲被認為是「獨具慧眼」，這次與馬雲一起投寶尊電商有其繼續在行動電商領域擴張的用意。

寶尊電商 IPO 前，機構投資者包括：阿里巴巴持股占 23.5%；美元基金 Crescent Castle Holdings Ltd（凱欣）持股占 23.1%；軟銀基金 Tsubasa Corporation 持股占 17.8%；Jesvinco Holdings Limited 持股占 8.3%；高盛持股占 9.8%；漢理前景基金持股占 5% 以下。

（二）股權與投票權分離

寶尊電商的股權結構中有個比較特別的地方，那就是股權比例與投票權分離，以保證公司創始人在重大決策時有足夠的投票權。

由於大量機構投資的進入，在 IPO 前，寶尊電商創始人仇文彬和吳俊華持股份別占 10.1% 和 5.3%。但按照股東之間的約定，兩位創始人仍擁有絕對多數的投票權。在完成 IPO 之後，仇

文彬仍擁有投票權 36%，與吳俊華合計擁有的投票權占 51.3%，實際保持著對公司的控制力。阿里巴巴和軟銀集團所持有的投票權分別為 10.0% 和 7.5%。

寶尊電商的這種方式也是借鑑了阿里巴巴的做法。從股權結構來看，馬雲持股占 8.9%，蔡崇信持股占 3.6%，其餘阿里高階管理人個人持股均未超過 1%；軟銀持股占 34.4%，雅虎持股占 22.6%。但在投票權結構中，馬雲持有 42.5% 的投票權，馬雲及其團隊的投票權合計占絕對多數，軟銀和雅虎的投票權合計小於 50%，從而保證了馬雲團隊對阿里巴巴的實際控制權。

（三）微盈狀態登陸那斯達克

寶尊電商 IPO 前的財務狀況，若按照美國通用會計規則（GAAP），尚處於虧損狀態；不按美國通用會計規則（即 Non-GAAP 下），剛剛實現盈利。這種情況下，在那斯達克上市是其最佳選擇。

招股書顯示，寶尊電商 2012 年、2013 年和 2014 年商品交易總額，分別為 14,604 億元、26,208 億元和 42,489 億元，增長趨勢顯著；同期營業收入分別為 9,545 億元、15,218 億元和 15,844 億元。寶尊電商上市前這三年的盈利狀況，若按美國通用會計準則，分別為 -4,720 萬元、-3,780 萬元和 -5,980 萬元；若不按照美國通用會計準則，其 2012 年、2013 年的盈利狀況分

2　2016 年 5 月，軟銀出售所持阿里巴巴 34.4% 股份中的 6.4%，套現金額達 1 百億美元。

別為 -4,720 萬元、-2,626 萬元，2014 年實現淨利潤 2,514 萬元，淨利潤率約 1.6%。

導致在 GAAP 規則和 Non-GAAP 下其 2014 年盈利狀況差異的原因是，公司在 IPO 前發放部分高層管理人期權，若按照美國通用會計規則，此等期權將被視為「費用」而沖抵利潤，從而導致帳面上由微盈轉為微虧。

◆ 三、上市成效

（一）股價走出大 U 型

2015 年 5 月 21 日，寶尊電商宣布其首次公開發行價定為每股美國存託憑證 10 美元，共發行 1,100 萬股，融資總額 1.1 億美元。

寶尊電商的實際發行價格低於招股書中的 12~14 美元的發行價區間。若按發行價區間 12~14 美元的中間價計算，可融資 1.43 億美元。這與實際發行價的調低與公開掛牌前夕，一家認購 20% 本次發行 ADS 的美國公募基金突然調低報價至每股 10 美元有關。

按照發行的股價水準，寶尊電商總市值約 5 億美元。後續一年多，股價走出一個大 U 型，最高升至 2016 年 10 月 10 日的 18.61 美元，近期（2017 年 4 月）在 15 美元左右，總市值近 8 億美元。

寶尊電商在美上市以來的股價走勢如下圖所示（資料更新至 2017 年 4 月）。

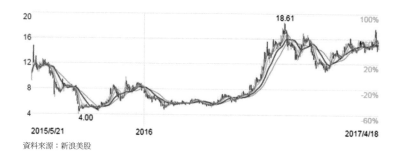

資料來源：新浪美股

（二）盈利狀況明顯提升

上市之後的寶尊電商在一年左右的時間裡實現了財務數字的明顯提升和業務的擴張。寶尊電商 2016 年度財務報告顯示，按美國通用會計準則計算，公司 2016 年全年交易總額（GMV）為 112.65 億元人民幣，首次突破百億，較 2015 年同期增長67.3%。全年歸屬於股東的淨利潤為 8,660 萬元（約 1,250 萬美元）。

上述成績單與品牌合作夥伴的增加、品牌組合的優化，所帶來的高品質收入的持續增長有關。尤其服飾類合作品牌服裝曝光度提升，拉抬產品銷售期增長。在 2016 年「雙 11」當天，寶尊電商合作品牌耐吉以全天超過 6 億元成交額，超越此前排名居前的時尚巨頭優衣庫。優衣庫在同日的天貓「雙 11」中為服裝類銷售冠軍，成交額也突破 6 億元。

（三）開啟跨國「品牌電商」合作

2016 年 7 月，寶尊電商與韓國 CJ（希傑）集團在上海宣布簽署戰略合作協定，共同出資成立合資公司，在電商營運、網路行銷、跨境物流等多方面進行深入合作。

合資公司將引入 CJ 旗下的 Wonderbra、brapra 和 Olive Young 三個子品牌，主要涉及服飾、美妝等快消領域。寶尊作為控股方，持股 51%，負責合資公司的電商營運與服務。

CJ 集團前身是韓國第一製糖工業株式會社，成立於 1953 年，經過 60 多年的發展已從韓國最大的食品公司發展成為全球化生活文化企業。旗下擁有韓國最大娛樂傳媒公司、最大的家庭購物公司、最大的食品企業，以及最大的物流企業。

（四）總結與點評

寶尊電商抓住了一個兆元級的市場，並引領中國的「品牌電商」市場共同成長。但如同千里馬需要伯樂一樣，好企業也需要「貴人」的認同。對於寶尊電商來說，其「貴人」包括馬雲、孫正義和那斯達克。

在美 IPO 時臨時調低發行價，在當時看來也許不夠完美，但後續的業績成長和股價走勢證明了企業的價值和市場的認同。

新近與國際品牌商之間的合資意味著往產業的上游突進，從單純的為品牌提供電子商務解決方案轉變成為共同經營品牌，將推動中國「品牌電商」市場業務模式的升級。

◆ 四、同業企業上市現狀

在「品牌電商」領域，除了寶尊之外目前尚無可提及的上市企業，但日本的優衣庫在電商領域探索已久，在中國的發展方向與寶尊有相似之處。

優衣庫母公司

優衣庫（UNIQLO）是日本的服裝品牌，由日本迅銷公司建立於 1963 年。UNIQLO 是 Unique Closing Houseware 的縮寫，意指為消費者提供「低價良品、品質保證」的服裝。2001 年 8 月，優衣庫中國子公司在江蘇成立；2002 年 9 月，中國首間優衣庫實體店於上海開業，後續幾年快速擴張到中國大部分大中城市，實體店鋪總數超過 1 千家。

2014 年 3 月，優衣庫母公司迅銷有限公司在香港主板以介紹形式上市。此前，公司已於 1994 年 7 月和 1997 年 4 月，分別在廣島證券交易所和東京證券交易所二部上市。

迅銷公司在香港上市與優衣庫在中國市場的快速擴張有關，優衣庫在全球銷售的商品中約 85% 在中國工廠生產；而在中國電商領域，優衣庫已成為服裝行業標竿。其網路旗艦店最早於 2008 年 4 月在淘寶商城發布，隨後網上銷量平均每天 2 千件。目前優衣庫是全球第四大服裝零售企業，相對於近幾年在日本本土的頹勢，其在中國的電商銷售量每年翻倍。

優衣庫母公司迅銷是以「存託憑證」（DR）形式登陸港股市場。「存託憑證」指外國上市企業把部分股份交給當地市場存管機構託管，再經這一市場存管機構發行票據並在本交易所買賣，以此避免和降低本地投資者直接投資於海外市場的成本。DR 上市並不涉及發行新股或配售舊股，迅銷公司的這一選擇主要是為獲取在港上市地位，提高迅銷集團、優衣庫及旗下各品牌在大中華區的知名度，並在全球範圍內吸引更多投資者。

在上上線下店鋪和資本市場策略的配合下，迅銷公司打造的第二品牌——GU 品牌的銷售在 2016 年出現兩位數的增長。

宜人貸：
中國互聯網金融第一股

公司名稱：宜人貸公司（宜信公司子公司）

股票代碼：NYSE YRD

所屬行業：互聯網金融（P2P 借貸服務）

成立日期：2014 年 9 月 24 日（海外上市主體）

註冊資本：50,000 USD

註冊地址：開曼群島

員工人數：608 人

董事長：唐寧

第一股東：Credit Ease Holdings（Cayman）（44.33%）

上市時間：2015 年 12 月 17 日

募集資金總額：1 億美元

總市值：13.8 億美元

境外融資 2：
20 家企業上市路徑解讀

宜人貸是宜信公司的核心品牌。宜信是一家集財富管理、信用風險評估與管理、信用資料整合服務於一體的互聯網金融平臺。創始人唐寧曾就讀於北京大學數學系，後赴美學習，2000年回國，曾擔任亞信科技[1]戰略投資和兼併收購總監。受尤努斯教授[2]的金融扶貧和社會信用體系建設思路啟發，唐寧於2006年5月在北京創辦宜信公司。

　　2011年12月，另一位創始人方以涵加入宜信，帶頭推進宜信的互聯網化。有人說，沒有唐寧就沒有宜信，而沒有方以涵就沒有宜人貸。方以涵在美國工作十餘載，曾任美國上市公司Ask.com副總裁，2011年回國創業，負責建立宜信的互聯網部，主要成果就是宜人貸平臺的搭建。2012年3月，宜人貸網站上線，主要服務於都市白領人群，成為中國最早的線上P2P[3]平臺。透過這一平臺，客戶獲取、客戶服務、風險控制和交易達成均可以線上完成，比傳統銀行系統更有效率。

　　在宜人貸之前，P2P借貸模式也在英美興起，較有影響力

---

1 亞信科技，在納斯達克成功上市的第一家中國高科技企業，是中國最大、全球領先的通信行業IT解決方案和服務提供者，1993年4月創立，總部設在北京，2000年在美上市（股票代碼：ASIA）。

2 穆罕默德·尤努斯（1940~），孟加拉經濟學家，孟加拉鄉村銀行（Grameen Bank，格萊珉銀行）創始人。他開創了「微額貸款」服務，服務於因貧窮而無法獲得傳統銀行貸款的創業者。

3 P2P的本質為線上撮合交易，即借貸的方式是個人對個人。平臺僅起到居間撮合作用，其降低風險的原理是，把一筆借款需求分配給多個出資人，把一筆出資分配給多個需求人。

的如英國 Zopa（2005 年成立）、美國 Prosper（2005 年成立）和 Lending Club（2007 年成立）。2008 年之後，美國 P2P 平臺借助互聯網實現快速發展。2014 年 12 月，Lending Club 在紐交所上市，成為全球首家上市的 P2P 平臺。宜人貸追隨其腳步，於 2015 年 12 月在紐交所上市，成為中國 P2P 平臺第一股，也是中國第一家登陸資本市場的互聯網金融公司。

精彩才剛剛開始，宜人貸母公司宜信也有上市計畫。唐寧在宜人貸上市後給員工的公開信中透露，「未來三到五年裡，宜信也將成為公眾公司。」

◆ 一、上市訴求

（一）領跑千軍萬馬，抗衡 BAT

中國是全球最大的 P2P 市場，行業發展速度遠超美國，成長空間巨大。宜人貸是中國 P2P 行業的開創者，但要想持續保持優勢並不容易，因為這一商業模式太容易被複製。尤其在最初 3 年拓展的階段，這一新興行業亦未遇到政策門檻，全國迅速崛起 3 千家左右類似功能的平臺。2015 年之後，相關部門相繼頒布《關於促進互聯網金融健康發展的指導意見》[4]、《網路借貸資訊仲介機構業務活動管理暫行辦法》[5]，監管的文件落地，行業平臺數量縮水一半，但競爭也更激烈。尤其早期開創的一些平臺，如陸金所、人人貸、友利網等已經站穩腳跟，業績規模增長很快。

與此同時，「BAT」等（指百度、阿里巴巴、騰訊等互聯網平臺）也在發力互聯網金融。例如，阿里旗下的螞蟻金服推出的

「花唄」[6]、「借唄」[7] 等產品，有幾億淘寶、支付寶用戶為潛在用戶，有豐富的線上徵信數據支撐和低成本的資金來源，且與支付寶、餘額寶和線上購物打通，有較好的用戶體驗。螞蟻金服不僅背靠阿里大樹，未來還將獨立上市，市值有可能超過阿里，其光環將蓋過其他互聯網金融平臺。

除了螞蟻金服，陸金所是另一個強勁的競爭對手。陸金所是平安集團旗下互聯網金融平臺，業務包括 P2P 和非標金融資產[8]交易服務。陸金所在基於保險原理的風控準備方面先人一步，利於打消平臺上投資者的顧慮，加上與平安集團旗下的網點合作，線上下環節上有優勢。在宜人貸上市時，業界已有陸金所籌備上市的說法。

因此，宜人貸上市，不只是為了在魚龍混雜的行業中為自己「正名」，更是擴大市場、面對競爭的需要。僅從註冊用戶數量

---

4 2015 年 7 月，中國人民銀行、銀監會、證監會、保監會等聯合發布。

5 銀監會等部委聯合起草，2016 年 8 月正式發布。

6 螞蟻花唄是螞蟻金服推出的消費信貸產品，提供 5 百 ~5 萬元不等的消費額度。用戶在消費時，可以預支螞蟻花唄的額度，享受「先消費，後付款」的購物體驗，類似使用信用卡。螞蟻花唄支持多種購物場景，除了淘寶和天貓，還包括 40 多家外部消費平臺，如亞馬遜、蘇寧、口碑網、美團、大眾點評等。

7 借唄是一種小額貸款，不需要使用者提交複雜的個人材料和財力證明，芝麻分 6 百分以上的用戶，可申請 1 千 ~20 萬元不等的貸款額度，最快可在 3 秒內完成放貸。「借唄」的還款最長期限為 12 個月，日利率是 0.045%，隨借隨還。用戶申請到的額度可以轉到支付寶餘額。

8 非標金融資產是非標準金融資產的簡稱，主要指尚未證券化，但已處於待交易狀態的各類資產。

上，宜人貸與螞蟻金服相去甚遠，按照宜人貸上市前的資料，註冊使用者數量才 6 百多萬。宜人貸若不搶先上市，今後與螞蟻金服、陸金所等對手進行抗衡的難度將越來越大。

（二）商業模式待優化

中美之間商業環境有很大的不同，美國有一套完善的個人信用評級系統，三大徵信局提供信用分，網貸平臺可據以評估用戶風險。而在中國，這樣的條件還不成熟。

按照線上 P2P 模式，很多服務環節可以線上完成，例如申請借款和還款等。因此宜人貸平臺不需要像傳統銀行那樣到處鋪設網點，但也存在一些棘手的難題。例如，與風險控制有關的借款人信用識別、擔保和欠款催收等。

因此，宜人貸不得不採用「線上＋線下」的方式來解決上述問題。並且，由於宜人貸不像螞蟻金服那樣有大量的淘寶和支付寶用戶基礎，其獲取客戶方式很難完全依賴線上，這意味著業務規模的擴大離不開線下。根據宜人貸招股書，2014 年全年，宜人貸完成的借款達到 3.59 億美元，其中線上管道為 1.44 億美元，線下管道為 2.15 億美元。2015 年上半年 5.98 億美元的貸款中，有 4.06 億美元來自線下管道，占比為 67%。

在自身沒有大量線下網點的情況下，宜人貸透過代理機制來完成線下的環節，這就必須與包括小貸公司、擔保公司在內的仲介機構分享利潤，或者允許仲介機構單獨向借款人以「服務費」等名目收取中介費用。名義利息加上「服務費」，借款人實際承擔的成本比從傳統銀行管道借款高出許多，這與唐寧和宜信所標榜的「普惠金融服務」背道而馳，P2P 模式的價值因此打了折扣，

甚至受到媒體詬病。

這種困境該如何解決？方式無非有兩種：一是增強線上環節，例如強化基於大資料應用的徵信；二是增強線下環節，例如對有一定規模的仲介機構進行併購，降低轉嫁給借款人的「服務費」水準。而上市，是宜人貸增強這些能力的重要方式。

（三）布局消費信貸

宜人貸在上市前的公開宣傳中提到了「線上消費金融平臺」功能定位，並在招股書中用大量篇幅和資料表明中國消費金融市場的廣闊前景，透露出在現有的 P2P 借貸業務之外，進軍消費金融市場的意圖。在 CNBC（美國全國廣播公司財經頻道）的敲鐘直播中，對宜人貸的介紹也是按「來自中國的線上消費金融公司宜人貸」這樣的稱謂。

2015 年以來，個人信貸向各種消費場景滲透已成趨勢。一方面，很多線上消費平臺開始提供信用消費服務；另一方面，越來越多的 P2P 平臺盯上了消費信貸資產。而使用者對這類服務的接受度也越來越高。

個人信貸連接線上消費的好處是有利於形成一個完整的商業閉環，不僅能夠快速擴大業務規模，同時由於消費活動的分散化以及平臺對用戶消費偏好的瞭解，可以更好地實現風險控制。

宜人貸開拓消費金融的方式，除了將消費金融債權納入平臺之外，還與百度等互聯網巨頭展開深度合作，或涉及消費場景開發、金融產品設計、使用者資料共用、資料價值變現等。公開資料顯示，在宜人貸上市前，百度作為基石投資者，認購了 1 千萬元新股。

◆ 二、關鍵努力

（一）選擇紐交所上市的原因

在上市前的路演中，宜人貸把自己描繪成「中國版的 Lending lub」，這不僅因為 Lending Club 是美國首個 P2P 平臺以及全球最大 P2P 平臺，而宜人貸是中國最早和最大的 P2P 平臺，二者之間有一定的相似度，最主要的原因是 Lending Club 已經率先上市。

宜人貸在美上市的主體公司（開曼群島）註冊於 2014 年 9 月 24 日，這個時間是在 Lending Club 於 8 月 28 日向 SEC 提交招股說明書之後一個月。

2014 年 12 月 3 日，Lending Club 以第股 15 美元的價格發行，12 日在紐交所掛牌（NYSE：LC），首日收盤價達到 23.43 美元，較發行價大漲 56.20%，當日市值達到 85 億美元。這對於中國的 P2P 平臺是個極大的鼓舞，相當於看到了成功上市的曙光，規模排名居前的平臺紛紛制定上市計畫。宜人貸在 2015 年春節後即啟動了赴美上市的計畫。

按照美國資本市場的傳統，Lending Club 這樣的創新創業型企業更受那斯達克歡迎，而 Lending Club 最終選擇了紐交所，這再次印證了美國資本市場的一個趨勢，各家交易所都在歡迎這類企業。這如同此前阿里巴巴上市時，同時受到那斯達克和紐交所的歡迎，可在兩個市場中自由選擇一樣。Lending Club 在紐交所成功上市，等於為宜人貸鋪好了路。考慮到宜人貸的商業模式與 Lending Club 有一定的相似性，所以選擇同樣的地點上市

比較容易被接受。

宜人貸與 Lending Club 選擇同樣路徑上市的另外一個原因
是，二者的股東背景或主承銷商有交集，例如都有摩根士丹利的
資產。

（二）子公司拆分上市

宜人貸是宜信公司的子公司，卻比母公司率先上市，這是出
於怎樣的考量呢？並且，費半天周折只募集 1 億美元，募集資金
淨額只有 7 千 5 百萬美元，何為所圖？

作為中國最早的一批互聯網金融公司，宜信的版圖已經涵
蓋一個龐大的體系，除了 P2P 借貸平臺，還包括財富管理、農
村金融、信用風險評估與管理、信用資料整合服務等，子公司數
量有數十家。單從產品體系來看，除了宜人貸，還有精英貸、新
薪貸、助業貸、宜學貸、宜農貸、宜車貸、宜房貸等，其基本設
計思路是滿足各類人群的各類需求。宜信體系如此龐大，如果
以母公司作為上市主體，在美國還很難找到對標公司，例如，
Lending Club 至今仍只是一個專注於細分領域的 P2P 平臺。

宜人貸既是宜信的核心子公司，也是最優質的資產，業務模
式簡單清晰。傾盡宜信整個平臺之力打造出一個上市子公司，然
後再繼續推動母公司的其他資產，或母公司整體上市，更符合宜
信的長遠利益。

此外，宜信旗下的子平臺宜信財富[9]和宜信普惠[10]等，今
後存在各自分拆上市的安排。從這個角度來說，宜人貸上市對整
個宜信體系來說起到了「先遣隊」的作用，未來將帶動多個資產
板塊上市。

（三）估值吸取 Lending Club 的前車之鑑

Lending Club 的上市鼓勵了中國的互聯網金融公司，但 LendingClub 上市之後一年來總體持續下滑的股價表現，難免讓那些投資者感到失望。在宜人貸上市前夕~2015 年 12 月初這個時間點上，Lending Club 的股價只有 12 美元，例如，2015 年 12 月 3 日的收盤價只有 12.82 美元，相對於一年前即 2014 年 12 月 3 日的收盤價 23.43 美元，幾乎已經腰斬；相對於 15 美元的發行價已經跌破。這樣的局面，提醒宜人貸在上市定價時必須更加謹慎。

下圖為 Lending Club 上市以來（2014 年 12 月 3 日~2017 年 4 月）的股價走勢。

Lending Club 的股價下滑，主要與其不太好看的財務資料有關。這也印證了美國資本市場的一大特點：主要看業績，而不只是聽「講故事」。

Lending Club 的招股說明書已經顯示，2014 年上半年的淨虧損為 1,650 萬美元，上年同期則有淨利潤 171 萬美元。而後續

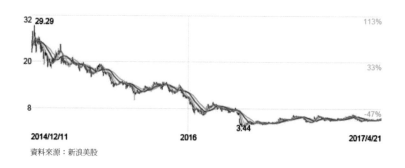

資料來源：新浪美股

披露的財務數字並沒有給市場帶來提振，2015 年 2 月 24 日發布的 2014 年度報告顯示，Lending Club 2014 年度虧損達 3,290 萬美元[11]。

Lending Club 上市前，由於機構投資者認購踴躍，曾兩次上調發行價：一次是由每股 10~12 美元上調至每股 12~14 美元；後來又調至每股 15 美元，並增發 30 萬股，使其總融資金額達到 8.7 億美元，估值達到 54 億美元。

而宜人貸的業績數字比 Lending Club 好看得多。按照宜人貸招股書，其 2015 年前三個季的淨利潤達 3,078.1 萬美元。2015 年是宜人貸扭虧為盈的年度，此前均處於虧損狀態。2016 年 3 月公布的宜人貸 2015 年度報告顯示，全年淨利潤達 4,380 萬美元。

在耀眼的利潤數字之下，宜人貸的估值卻比較低調。按照每股 10 美元發行 750 萬股 ADS（每股 ADS 相當於公司 2 股普通股），市值只有不到 6 億美元。加上承銷商可追加購買的股數，最多募集資金 1 億美元。

---

9 宜信財富是宜信旗下財富管理子平臺，為中國高淨值和大眾富裕階層提全球資產配置服務，涉及中國內外固定收益、私募股權、資本市場、對沖基金、房地產、保險保障、投資移民、遊學教育等。

10 宜信普惠是宜信旗下的借款諮詢服務專業機構，例如，宜信普惠農商貸，致力於服務「三農」、普惠信用，以方便、快捷、專業的服務為城鄉廣大客戶提供獲取生產、生活所需資金的「一站式」解決方案。

11 按照 Lending Club 的最新財務報表，其 2016 年虧損達 1.46 億美元。

◆ 三、上市成效

（一）股價平穩上升

宜人貸上市之後的股價走勢總體上呈現漲勢，最低價位為 2016 年 2 月 12 日出現的 3.35 美元，最高價位為 2016 年 8 月 16 日出現的 42.34 美元，2017 年 4 月在 24 美元左右。

下圖為宜人貸（NYSE：YRD）上市以來（2015 年 12 月~2017 年 4 月）的股價走勢。

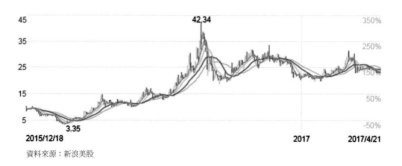

資料來源：新浪美股

2017 年 4 月，宜人貸的最新市值為 12.82 億美元，Lending Club 的最新市值為 22.89 億美元。若在宜人貸股價高達 40 美元左右的時點上，二者的市值曾經相互接近。

（二）業績繼續高速增長

上市之後的宜人貸，業績繼續保持著較快的增長速度。公告顯示，2016 年全年，宜人貸淨收入 32.38 億元（4.66 億美元），較 2015 年全年增長 146%；淨利潤 11.16 億元（1.61 億美元），較 2015 年全年增長 305%。截至 2016 年 12 月 31 日，宜人貸累

計促成借款總額已達 323 億（47 億美元）。

按照零壹研究院資料中心於 2017 年 4 月發布的《2017 年 3 月 P2P 網貸貸款餘額百強榜》，宜人貸的業務規模繼續高居榜首，貸款餘額 275.7 億元，比上月增長 6.02%；緊隨其後的翼龍貸，貸款餘額 249.4 億元，比上月下降 1.11%。

（三）總結與點評

Lending Club 和宜人貸，是兩大具有代表意義的互聯網金融平臺。它們在美國同一個交易所上市，表現為何會有這麼大的差異？主要有兩方面的原因：一方面，美國的金融服務行業比較發達，留給互聯網金融的發展空間不像中國那麼大；另一方面，Lending Club 的業務因被 SEC 視為證券發行，而受到嚴格監管，其業務拓展的自由度沒有宜人貸那麼大。因此，宜人貸有條件取得比 Lending Club 更優的業績。

而更讓人印象深刻的是，雖然 Lending Club 剛上市時受到追捧，但最終還是要拿業績說話。從這一點來看，美國資本市場是比較公平的，這是因為在相對開放的市場環境下，投資者有較大的選擇權，如果上市公司不能帶給投資者以盈利期待，投資者就會「用腳投票」。宜人貸是 Lending Club 的追隨者，但宜人貸植根於中國的特殊金融環境下，擁有比 Lending Club 大得多的發展空間和盈利機會。宜人貸巧妙地抓住了這些機會，並及時抓住了赴美上市的機會。雖然募集到的資金有限，但其如願成為中國互聯網金融第一股。在這一點上，宜人貸是成功的。

上市募集資金不是宜人貸的主要目標，但赴美上市成功，所帶來的品牌效應提升有助於宜人貸繼續保持相對於其他 P2P 平

臺的優勢，並有助於母公司宜信實現更大的擴張計畫。按照唐寧的計畫，一個由宜信母子公司組成的上市公司組合正在形成。

◆ 四、同業企業上市現狀

繼 Lending Club 之後，宜人貸在美上市成功，進一步激勵了中國互聯網金融行業的上市熱情，一波互聯網金融主題的上市浪潮由此形成。

市場地位僅次於宜人貸的翼龍貸，其母公司聯想控股已於 2015 年 6 月在香港主板上市。之後翼龍貸方面透露，其有獨立上市的計畫，但相關計畫尚未公布詳情。

信而富擬赴紐交所

2017 年 3 月 31 日，互聯網金融企業信而富向美國 SEC 提交 IPO 資料，計畫在紐約證券交易所上市，預計籌資額 1 億美元。

在這次 IPO 前，信而富的股權結構已經國際化，創始人王征宇持有 9.5%，董事會成員 Andrew Mason 持有 2.6%。在 2015 年 7 月，信而富完成 C 輪一筆融資 3 千 5 百萬美元，資金主要來自於外資 Broadline Capital。

信而富（上海信而富企業管理有限公司）由留美海歸王征宇等人於 2001 年創辦，2010 年涉足網路借貸資訊仲介服務，至 2016 年年底，累計為超過 140 萬借款人提供消費信貸服務，成功撮合借款交易超過 1 千萬筆。信而富踏入網貸領域，是基於

10 餘年為全國性銀行業提供風險管理技術服務的經驗，擁有 2 千萬消費信貸資訊資料庫等方面的優勢。

按照信而富的公開信息，其過去三年的營業收入分別為 2016 年 5,586.1 萬美元，2015 年 5,613.3 萬美元，2014 年 5,777 萬美元。2014~2016 年，信而富撮合的成交額分別為 3.36 億美元、7.41 億美元和 10.62 億美元。在過去兩年，信而富出現較大的虧損，2015 年、2016 年歸屬於普通股股東的淨虧損分別為 3,322.7 萬美元、4,037.8 萬美元。

信而富在中國網貸行業的業績規模並不居前，按照 2017 年 2 月「網貸天眼」研究院發布的網貸行業交易資料排行榜，在分別按照 5 個維度的排行中，均未將信而富列入，這些排行榜涉及 50 家企業。相關的維度包括：成交額、平均借款利率、借款人數、借款期限、投資人數。

CHAPTER 3

赴澳上市，
中企海外的首選

澳洲資本市場

　　赴澳上市，對中國企業十分有益。對於擬上市企業來說，無不希望在較短的時間內募集到較多的資金，並且付出盡可能低的成本，這些優勢，澳洲資本市場都具備了。放眼全球，澳洲資本市場的「性價比」是最高的，可作為中國企業海外上市的首選目的地。

　　那麼，為何有大量企業還在 A 股排隊，或在香港、美國上市？

　　那些較追求本益比，且抗風險能力較強、能承受 A 股各種不確定性的企業，即便一時過不了會，還可繼續等下去，這類企業傾向於排隊。即使排隊失敗，還有再到海外上市的機會。實際上，不少在 A 股排隊上市的企業，暗地裡也有赴海外上市的備選計畫。但在 A 股排隊失敗之後再選擇海外上市道路，意味著總成本的增加。3~4 年的排隊時間，以及失敗的風險，使得在 A 股上市的「性價比」打了不少折扣。

選擇香港上市的公司，往往希望投資者對其產品和市場有較多理解，例如周黑鴨。選擇赴美上市的，大多屬於科技創新類企業，且有國際化資本結構，例如阿里巴巴。

澳洲資本市場兼具門檻低、手續簡便、投資者力量雄厚、流通市值規模居前、與中國經濟關係密切、時差接近[1]等優勢，過去之所以未成為中國企業海外上市的主流市場，是因為中國企業對澳洲市場了解不夠，以及缺少專門從事相關服務的專業機構。

隨著 2015 年中澳自由貿易協定[2] 簽署，雙邊經濟關係由過去以貿易往來為主，上升到涵蓋金融、投資等領域的全面合作，越來越多的華人在澳洲居住、就業，中國企業赴澳上市融資的條件已經很完善，澳洲資本市場「性價比」凸顯，有豐富經驗的專業服務機構也已出現。

因此，近幾年來，赴澳上市成為越來越多的中國企業的選擇，甚至漸呈「放量上漲之勢」。

---

1 澳洲大陸西部地區與北京在同一時區，夏令時東部地區比北京早 2 小時，冬令時東部地區比北京早 3 小時。
2 中澳自由貿易協定於 2015 年 12 月 20 日正式生效，在內容上涵蓋貨物、服務、投資等十幾個領域，實現了「全面、高品質和利益平衡」的目標，是中國與其他國家迄今已商簽的貿易投資自由化整體水準最高的自貿協定之一。在投資領域，雙方自協定生效時起將相互給予最惠國待遇；澳方同時將降低中國企業赴澳投資的審查門檻，並作出便利化安排。

◆ 一、在澳洲上市的吸引力

（一）活躍的市場環境

澳洲資本市場高度發達，規模和活躍度可媲美紐交所、倫敦證交所和德國證交所；融資額居全球前列，尤其在亞太地區，地位十分突出。

若按照標準普爾的「浮動調整」法[3] 計算市場的流通股票市值，澳洲的股票市值在全球排名第八（澳洲投資力排全球第三），高於中國和香港。例如，2014 年，在這一模式下計算流通股市值，澳洲為 1.2 兆美元，中國為 9,180 億美元，香港為 4,980 億美元。由於這一模式下只反映那些提供給投資者的股票，計算出的市值規模更能反映市場的活躍度（流動性），以及市場提供給普通上市公司的機會。高度的流動性對公司募集資金、維持股票的公平價值和增強投資者信心至關重要。

澳洲資本市場由三大證券交易所組成，包括：

（1）澳洲證券交易所（ASX，簡稱澳交所），其地位相當於澳洲的主板，於 1987 年 4 月 1 日由六家證券交易所合併成立；

（2）澳洲國家證券交易所（NSX），地位相當於澳洲的創業板，其前身是 2000 年 2 月重新成立的紐卡斯爾證券交易所[4]，2006 年更名為現名；

（3）雪梨證券交易所（SSE），相當於針對亞太地區新興經濟體的國際板，尤其為來自大中華地區的企業服務。

其中最廣為人知的是澳交所（ASX），2014 年時股票市值已達到 1.88 兆美元。澳交所的上市企業數量在 2008 年前的 5 年

左右時間裡有過快速增長，之後進入穩定增長階段；2016 年之後隨著大量外國企業到來，增速有加快之勢。2003 年 1 月，澳交所的上市公司數量為 1,422 家，2008 年 1 月達到了 2,002 家；2017 年達到 2 千 3 百多家（此處均不含 NSX 和 SSE 交易所的資料）。

下圖為澳交所上市企業數量增長趨勢（2003 年 1 月 ~2017 年 3 月，單位：家）。

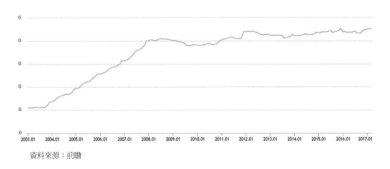

資料來源：前瞻

近幾年來，在澳交所 IPO 的企業數量在持續增長。2012 年至 2015 年，每年的 IPO 企業數量分別為 57 家、63 家、82 家、102 家；2016 年有 89 家，略低於上一年；但 2017 年有再提

---

3 標準普爾的「浮動調整」法的含義：用於計算指標的股份只反映那些提供給投資者的股票而不是公司的所有股份的市值，排除了控制集團、其他公開交易的公司或政府機構的股份市值。此處資料來自澳洲貿易委員會年報 2014。
4 紐卡斯爾證券交易所最早成立於 1937 年，1940 年因第二次世界大戰影響而暫停營業；2000 年 2 月重新成立。

速之勢，已知 1 月 ~3 月有 26 家，高於 2015 年同期的 13 家和 2016 年同期的 11 家。

在澳交所上市的外國公司數量增長也很明顯。在 2013 年之前的十幾年時間裡只有不到幾十家，2013 年 6 月突破 1 百家，到 2017 年 3 月有 127 家（此處均不含 NSX 和 SSE 交易所的資料）。其中，2013 年、2014 年、2015 年、2016 年這幾年在澳實現 IPO 的外國公司數量分別為 7 家、10 家、12 家、21 家。預計 2017 年這一數字在 30 家左右。

澳交所科技板塊的吸引力正在超越美國，2015 年有 7 家美國高科技公司來這裡上市。2016 年總共有 27 家高科技企業在澳交所實現 IPO，總融資額 6.5 億澳元[5]，平均每家融資 2,407.41 萬澳元（約 1.24 億元人民幣）。

過去 3 年來（2014 年 4 月 ~2017 年 3 月）在澳交所上市的外國公司總數量（單位：家）增長趨勢如下圖。

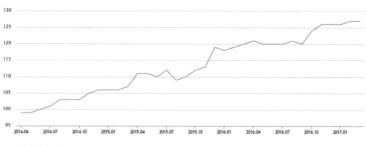

資料來源：前瞻

（二）突出的「性價比」

大量外國公司蜂擁而至，在澳洲上市到底有哪些好處呢？

1.門檻更低

一般來說，只要企業營運紀錄滿3年，有2年以上的營運紀錄，即可考慮申請在澳上市。

其中，門檻稍高的主板——澳交所（ASX），要求3年累計稅後淨利潤1百萬澳元[6]以上（人民幣約為6百萬元）。創業板——澳洲國家證券交易所（NSX）對利潤指標沒有要求，只要有2年以上的營運紀錄即可；尤其是高科技行業，有保薦機構保薦即可申請上市。雪梨證券交易所（SSE）的門檻要求與NSX類似。

在澳洲，企業淨有形資產超過4百萬澳元（ASX板塊）或市值規模超過50萬澳元（NSX板塊）的即可考慮申請赴澳上市。按照澳方的標準，企業總資產包括智慧財產權，只要擁有專業機構出具的報告即可。

澳洲支持礦業企業「勘探前上市」，即允許礦業企業在沒有任何收入的情況下甚至在開展勘探作業之前申請上市，只要擁有勘探許可，以「獨立地質學家報告」提供的資料資訊為依據即可。澳洲鼓勵生物科技行業，只要有I期臨床試驗通過，暫時沒有主營業務收入，也可申請上市。此外，澳洲對上市公司所提交資料

---

5 此處資料來源澳洲《澳洲都市報》2017年4月。

6 按照2017年4月澳元與人民幣的匯率中間價，1澳元 =5.15元人民幣。

的要求也比較簡單，尤其在 NSX 和 SSE，要求提交的上市資料的篇幅比在其它交易所省去一半。

2. 週期更短

在澳洲申請上市的週期，是全球發達資本市場中最短的。資料齊全的情況下最短只需要 3 個月，通常 12 個月內即可完成。

其中，申請在主板 ASX 上市大約需要 6~9 個月時間；申請創業板 NSX 以及 SSE 大約需要 3~6 個月。具體時間長短與中國企業的規範化程度有關。

NSX 交易所的規則特別簡單，並且提供多種靈活上市的方式。在 NSX，按照 IPO 方式上市的企業只占 20%，其餘 80% 的企業是透過發行 IM（資訊備忘錄）或者採用「合規上市」的方式：發行 IM 上市的特點是不能向散戶融資，只向成熟的投資者融資，這種方式比透過 IPO 上市要快 3~6 個月；「合規上市」方式下，企業上市前後三個月不進行融資，但可以大大提高上市效率，並保留後續融資的機會。

3. 費用更低

在澳洲上市的總成本遠低於在中國境內和境外其他資本市場上市的成本。

4. 融資更易

澳洲的投資力量實力雄厚，投資基金池的總規模在 2 兆澳元左右，排全球第三。基金總資產中有 41% 來自國外，所吸引的私募股權投資基金占亞太地區的 24%，居亞太地區之首。按照澳洲的法令，大部分涉及股票配置的基金都要涵蓋在澳交所上市企業。澳洲人每年總收入的 9% 列入強制性養老公積金，規模巨

大的養老公積金資金流入股市，為股市提供了穩定的資金來源。

澳洲的散戶投資者（股民）占全國成年人口的 36%，以直接或間接方式投資股市的人數占成年人口的 54% 以上。由於澳洲實行紅利抵免[7]和資本收益稅收折扣[8]等優惠，使得投資者購買並持有股票的積極性和信心較高。

源源不斷的移民投資是股市資金的重要來源。按照澳洲的投資移民政策，重大投資簽證所要求的 5 百萬澳元投資中至少有 150 萬澳元（最高可投放 3 百萬澳元）投資於符合資格的管理型基金或上市新興企業。

2010 年 1 月 ~2016 年 12 月，澳交所 IPO 融資總額累計達 935.45 億美元，略高於中國上交所同期的 876.85 億美元，略低於美國那斯達克同期的 1,034.38 億美元[9]。

5. 增發容易

企業在澳上市之後，再進行增發也很容易，只要利潤為正，且有合理的資金用途，即可實現增發。

6. 一地上市多地掛牌

澳洲交易所的軟體得到美國和歐盟認可，在澳洲掛牌一段時間之後，可申請美國那斯達克，以及英國、加拿大、新加坡、德國的交易所同時掛牌，甚至在多國實現 24 小時交易。

---

7 按照紅利抵免規定，考慮到企業已支付利潤稅，減少對投資者獲得的分紅部分的重複徵稅。

8 如果投資者持有股票超過 12 個月，這部分股票轉讓時僅就資本收益的一半交稅。

9 資料來源：前瞻資料庫。

下表為境外各家資本市場的「性價比」比較。

	中國香港	美國	新加坡	澳洲
上市條件	嚴格	寬鬆	嚴格	寬鬆
投資基金量	多	多	一般	多
對策略基金的吸引	有力	有力	較有力	有力
股價上升空間	一般	大	一般	大
對中國企業歡迎度	好	較好	很好	很好
上市總費用	高	較高	較低	較低
本益比	13 倍	12 倍（那斯達克 29.5 倍）	9 倍	20 倍
上市公司類型	壟斷型 大中型企業	高科技企業	中小型傳統企業	多種類型皆可 [10]

資料來源：《境外融資 1：中小企業上市新通路》（高健智著）

下表為澳洲兩大交易所（ASX 和 NSX）的基本門檻。

	ASX（按 2016 新規）[11]	NSX
營運紀錄要求	三年以上持續經營	兩年以上持續經營
盈利測試或資產規模測試	滿足其中一種： （1）過去三年淨利潤超過 1 百萬澳元，且過去 12 個月淨利潤達到 50 萬澳元； （2）淨有形資產達到 4 百萬澳元； （3）市值達到 1 千 5 百萬澳元	無利潤水準要求。市值達到 50 萬澳元
股東數量及其持股數量	（1）上市時，流通股最低比例為 20%； （2）至少有 3 百位無關聯方持股人，每位至少持有價值 2 千澳元的股票	至少有 50 名投資人，每人持有不低於 2 千澳元市值股份，且 25% 由非關聯方持有
營運資本要求	（1）若按符合利潤測試，則不再對營運資本有所要求； （2）若按符合資產測試，則要求有 150 萬澳元的營運資金	大於 50 萬澳元 / 年

資料來源：澳洲 ASX 和 NSX 交易所公開資料 2016

（三）「中國化」的上市通道

澳洲資本市場特別適合中國企業前往上市，可謂海外上市的「樂土」。基於中澳之間密切的經濟關係，澳洲資本市場的很多上市條件或服務是為中國企業「量身定制」的。加上澳洲 SSE 和 NSX 兩大交易所分別被華商資本收購，中國企業赴澳上市的「放量上漲之勢」正在來臨，未來幾年將形成赴澳上市的千家萬馬，其趨勢甚至超越中國的新三板。

而所謂澳洲資本市場的「中國化」，指的是如下這些條件和趨勢：

1. 華人投資者聚集

澳洲的人口正在快速增長。2016 年 2 月 16 日，人口總數突破 2 千 4 百萬人[12]；從 2 千 3 百萬人增長至 2 千 4 百萬人口，只用了 2 年 9 個月的時間。其中尤以海外移民的增長最為顯著。過去十多年，移民人口增長率高達 51.2%，淨增 640 萬人，其中來自中國地區的有 42.7 萬人，排在英國和紐西蘭之後，位居第三。目前澳洲的華人總人口在 1 百萬人左右，華人已經成為當地第一大非英語少數民族群體。而這些華人群體大部分具有較強的投資能力和投資意願。

除了在澳華人之外，中國投資者對於前往澳洲投資也充滿

---

10 在澳上市的企業多數涉及礦產、能源、農業、食品、教育、高科技等領域。

11 ASX 的新規於 2016 年 11 月發布，自 2016 年 12 月 19 日實施。

12 資料來源：《雪梨先驅晨報》等澳洲當地媒體。

熱情，在中國人最熱衷的投資目的地中，澳洲居全球第三。當前中國已經超越美國，成為在澳投資最多的國家。中國投資者於2013年至2014年間在澳投資了277億澳元 [13]，除了有124億澳元流入當地房地產市場，其餘均進入其他實業和金融領域。

2. 華商控參股兩大交易所

值得中國企業留意的是，澳洲的三大交易所中已有兩大交易所（SSE和NSX）被華商資本控股，這促使澳洲的各大交易所都在向中國企業敞開大門。

其中，SSE在2008年已被華商資本收購，2014年正式營運之後，首批迎來的上市公司中就有兩家中資企業——「生命力」（股票代碼：8SA）和「中環運」（股票代碼：8ZH），分別獲得348萬澳元和464萬澳元的認購支持。SSE是繼上交所、深交所和港交所之外，全球第四個全力扶持中國企業的金融資本平臺。

2016年4月，澳洲第二大交易所NSX再被華商資本收購，其未來的業務方向也將加大幫助中國中小企業在澳洲上市。此前已有一批中國中小企業在NSX上市。收購之後不久，即有訊眾集團（股票代碼：NFM）、中科光電（股票代碼：ZKP）等多家中國企業在NSX上市。其中，中科光電發售204.2萬股，發行價為每股1澳元，上市首日收盤價為每股2澳元。

不僅是SSE和NSX，主板ASX也一直歡迎中國企業。例如，深圳淘淘谷（股票代碼：TTG）在ASX上市後，市值曾達到50億澳元（約2百多億元人民幣）。

3. 便利的清算機制

中國的五大銀行（中行、農行、工行、建行、交行）都在澳洲開展金融服務。2014 年 2 月，中國銀行與澳洲證券交易所（ASX）在雪梨簽署人民幣清算協定。NSX 與 ASX 使用同一個清算系統，同樣受惠相關便利。

在 SSE，投資人可選擇使用人民幣或澳元參與交易。SSE 已在醞釀合適時機推出人民幣計價的股票和基金業務。

◆ 二、赴澳上市注意事項

澳洲資本市場正在努力向中國企業敞開大門，但也並非來者不拒，除了最低的門檻要求之外，擬赴澳上市的企業還應注意以下方面事項：

（一）科技和金融類企業更易上市

澳洲不只是一個礦產資源大國，也是一個科技創新大國。澳洲資本市場比較關注科技和電信、生物醫藥和大健康、能源和礦產、農業和食品這四大板塊。其中，科技和電信、生物醫藥和大健康這兩個板塊在當前最熱，首發募集金額較大。農業和食品板塊是澳洲又一個重點支持的行業，平均本益比較高。

能源和礦產是澳洲的傳統行業和優勢產業，但受全球經濟景氣狀況的影響較明顯。這類企業較受 ASX 的認可，在 ASX 上市的公司中，有三分之一屬於這類行業。

---

13 資料來源：《今日澳洲》2016 年 1 月《中國海外投資指數》報告。

與赴美上市類似，來自外國的科技概念股較受澳洲資本市場歡迎。當然，科技概念的含義是廣義的，例如生物醫藥和大健康等領域也帶有科技股概念。已赴澳上市的中國企業，多少都帶有一些科技概念。

金融類行業也是澳洲資本市場上的重心行業，其比重甚至超過了能源和礦產，在 ASX 占到總市值的 41%，在 NSX 則占到了企業總數的 70% 以上。在 NSX 上市的金融類資產包括銀行（47%）、資產管理（17%）、多元化房地產投資信託基金（9%）、多元化資本市場（2%）、其他金融領域（2%）[14]。目前赴澳上市的中國企業中，主業與金融相關的尚不多，但澳洲資本市場的這一特點值得中國的金融行業企業關注。

（二）選擇專業的上市顧問

澳洲資本市場發展迅速，但大多數中國企業對澳洲市場並不熟悉，尤其這兩年，澳洲幾大交易所的規則有較多調整，擬赴澳上市的企業必須提前瞭解。選擇一家專業的顧問機構進行輔導和培訓，上市過程才能事半功倍，也利於企業的長遠發展。

擬赴澳上市企業在選擇顧問機構時，可參考已成功上市企業的案例。

（三）資訊披露須謹慎

赴澳上市的門檻雖低，但在資訊披露和投資者關係維護方面必須小心。近年來不乏一些對於澳洲資本市場理解不到位、準備不充分的企業，因違反當地的公司法或治理水準不佳、資訊披露不充分而被曝光。

關於資訊披露，上市企業要注意以下幾點：

1. 資訊披露的真實性

大多數澳洲人並不是很瞭解中國企業的品牌，其對外國上市公司的瞭解主要是透過企業披露的資訊。澳洲的投資者對資訊披露的真實性非常敏感，忠實披露資訊的企業才能贏得信任。一旦讓投資者產生疑慮，增發將變得困難。因此，企業在撰寫招股說明書時既要突出優勢，又要謹慎表述，尤其是在涉及收入、利潤、現金流這些關鍵財務資料時。

2. 資訊披露的及時性

按照要求，任何對證券的價格或價值產生重大影響的資訊，上市公司必須立即通知交易所。但有關未完成的建議所進行的機密協商的資訊，以及為進行內部管理用途（例如，財務預測）而編制的資訊不在此限。

3. 資訊披露的週期

按照監管機構對上市公司資訊披露方面的要求，如果是礦業類的上市公司，每 3 個月要披露一次財務報告；其他行業每 6 個月披露一次。

4. 招股書資訊披露

按照 ASX 的最新要求 [15]，遵循資產測試標準的實體向市場披露「兩個完整財年經審計」帳目，及申請上市前 12 個月內完成的任何重大併購交易，與上市有關的任何併購交易計畫。

---

14 資料來自 NSX 交易所年報 2013。
15 指 ASX 於 2016 年年底開始實施的新規。

（四）證券監管機制

在澳洲，負責對證券市場進行監管的是澳洲證券投資委員會（ASIC），這一機構同時監管其他金融機構，包括銀行、保險、期貨、外匯等。

澳洲證券市場實行的是註冊制，對上市公司的監管責任主要在交易所，但 ASIC 有權審查上市公司的信息披露，尤其對外國新興市場的發行方進行關注。

（五）投資者關係維護

對於上市企業來說，在海外資本市場掛牌只是第一步。上市之後，企業要適應從私人公司到公眾公司的角色轉換，調整思維融入當地市場，瞭解相應的責任義務，合規經營。能夠融入當地市場的企業才能收穫更多投資者的支持。為便於當地投資者瞭解上市企業，最好能夠提供完備的雙語化網站，聘用具備多元文化背景的員工負責企業品牌和公共關係工作。

淘淘谷：
市值暴增的奇跡

....

公司名稱：深圳市淘淘谷資訊技術有限公司

股票代碼：TUP.ASX

所屬行業：基於互聯網技術的消費金融服務

成立日期：2011 年 3 月 24 日

註冊資本：4,700 萬元人民幣

註冊地址：深圳市南山區

員工人數：150 人

董事長：熊強（熊科淼）

第一大股東：熊強 35.11%

上市時間：2012 年 11 月 27 日

上市地點：澳洲 ASX 交易所

發行規模：2,000,000 股，占總股本的 0.32%

募集資金總額：120 萬澳元

總市值：最高時 25 億澳元

淘淘谷（TTG）擁有一串耀眼的頭銜：深圳市第一家上市的電子商務平臺企業；中國首家 O2O 模式電子商務平臺上市公司；全球首家上市的金融互聯網企業。

成功在澳洲上市的淘淘谷創造了多項奇跡，包括創業不到兩年就在 ASX 主板上市，上市後一年多時間裡股價比發行價翻了 6 倍左右，市值最高達到 20 多億澳元。

快速升高的股價和市值使淘淘谷一下子成了明星企業，受到行業內外的關注，並有了更多更大的發展機遇。雖然上市發行的股份不多，募集的資金也有限，且後續股價波動幅度不小，但其商業目的已經巧妙地推進，算是一個獨特的案例。

◆ 一、上市訴求

（一）O2O 行業的先驅

淘淘谷開始創業時的 2010 年，中國對於什麼是金融互聯網[1]，什麼是 O2O[2] 這些概念的理解還不是很深入。淘淘谷如何快速實現開疆拓土？除了基於技術手段的商業模式，還需要強大的合作夥伴，並需要在資本市場進行估值和吸引投資。

按照官方的資料，淘淘谷是中國首家電子金融憑證解決方案商，也是全國首家銀行卡增值服務提供者。淘淘谷攜手深圳市銀聯金融網絡有限公司落地深圳，構建了中國唯一的線上到線下閉環支付解決方案及平臺——「U 聯生活」。U 聯生活平臺，是一種基於銀聯卡運用的優惠券平臺，透過在 POS 端刷銀行卡交易為載體，為全國各類合作商戶開展優惠折扣讓利服務，免費讓億

萬銀聯卡持卡用戶更加方便地享受優惠，是一種全新的O2O應用平臺。

通俗地理解，淘淘谷所做的事情就是把眾多商家的打折優惠資訊納入一個統一的資料平臺，並與銀聯卡用戶之間聯通，把業務嫁接在銀聯支付體系上，兩大資料體系透過POS機實現交互作用，形成金融收單網路中的電子優惠券；當持卡人在這些商家消費時，不必出示優惠券，即自動享受打折優惠待遇。淘淘谷和深圳銀聯給這種服務取了個叫做「U聯生活」的名字。淘淘谷的主營業務收入就是基於這種服務，透過後臺系統自動參與清算、分帳[3]。

淘淘谷的創始人叫熊強，又名熊科森，此次創業前曾在行銷策畫領域從業。2010年12月，熊強在香港註冊淘淘谷移動優惠券服務有限公司，即深圳淘淘谷的母公司，開始瞄準海量商家與交易支付之間的商機。在淘淘谷之前，已有大眾點評、各類團購網等提供優惠券推廣服務，但線下交易和支付環節難以控制，想要打造完整的「O2O閉環」[4]並不容易。在這一關鍵問題上，

---

1 指金融業務借助互聯網技術，以互聯網為仲介進行滲透發展的趨勢。

2 即Online To Offline（線上離線／線上到線下），指在消費金融領域，將線下的商務機會與互聯網結合，讓互聯網成為線下交易的平臺。

3 淘淘谷在每筆交易中收取11%左右的手續以及商家使用該系統的服務費。本數據來源於淘淘谷的招股説明書。

4 閉環是指完整的商業流程，O2O閉環的特點是線上資訊服務和線下交易支付所有環節都可控。

淘淘谷選擇了與中國銀聯子公司——銀聯商務旗下的深圳銀聯[5]（深圳市銀聯金融網路有限公司）合作。2012 年 5 月，成為銀聯旗下「U 聯生活」平臺的獨家解決方案供應商，並擁有了銀聯卡用戶海量客源，雙方共建「刷卡享優惠」的商業模式。

這是一種「多贏」商業模式。用戶綁定「U 聯生活」的優惠券後的轉化率在 20% 左右；對於參與的商戶來說，「U 聯生活」帶去的訂單交易筆數能占到交易總量的 10%。

商業模式形成之後，淘淘谷的下一步是鋪設服務網路，並擴張地盤到不同的省份，甚至計畫跟隨中國銀聯卡用戶們的腳步，把服務擴展到境外旅遊消費的熱點城市，如香港、新加坡、馬來西亞。「銀聯卡走到哪裡，我們的業務跟到哪裡。」這是淘淘谷的目標。

按照招股書中的計畫，到 2014 年，淘淘谷的服務將拓展到中國的 150 個城市，以及一些國際大都市，如香港、新加坡等地。

而擴張則意味著融資的需求，首先需要贏得投資者的認可。

（二）競爭對手快速強大

淘淘谷的競爭對手們也不可小覷。淘淘谷的服務體系嫁接在銀聯的支付業務上，而隨著協力廠商支付牌照發放範圍的擴大，銀聯商務面臨著通聯支付、匯付天下、杉德、快錢等協力廠商支付機構的競爭。與淘淘谷的服務業務構成直接競爭的平臺如大眾點評、團購網站等已在謀求與其他協力廠商支付機構的合作。一旦各方合力，依託平臺上數量眾多的註冊用戶群，在「引流、轉化」拓展 O2O 應用的方向上潛力巨大。

並且，在這些競爭對手的背後，已經有資本的支持。例如，

在淘淘谷上市前，大眾點評的背後有紅杉資本、谷歌資本、啟明創投等，已累計投資超過 1 億美元；美團網的背後有紅杉資本、阿里巴巴等，已累計投資超過 7 千萬美元。

在淘淘谷搶占 O2O 市場的時候，BAT（百度、阿里巴巴、騰訊）等巨頭已在覬覦線下支付業務，只是支付寶和微信線上下支付領域尚未真正發力，如果把後續的這些市場力量考慮進去，淘淘谷即將面臨的競爭力量十分強大。

◆ 二、關鍵努力

（一）赴澳上市方案的考量

淘淘谷選擇前往澳交所上市，與上市門檻較低有關。淘淘谷公司當時的狀況，短板明顯：一是成立時間短，淘淘谷提出上市申請是在 2012 年夏，此時公司成立剛剛一年多；二是營業收入少，按照當時的財務資料，從公司成立起到 2012 年一季的收入為人民幣 156 萬元，營運虧損 145 萬元[6]。這樣的狀況，要想在除澳洲之外的資本市場上市都很困難。

當然除了低門檻之外，澳洲資本市場對科技創新類企業的歡迎，也是淘淘谷能夠成功在澳上市的重要因素。

---

5 深圳銀聯是中國銀聯控股的銀聯商務旗下從事深圳地區銀行卡收單的專業化服務公司。
6 資料來自淘淘谷在澳上市招股說明書。

上市方向確定之後，接下來要考慮的是融資方案，即發行多少股份，擬募集多少資金的問題。鑒於當時的財務狀況，淘淘谷的策略是：先發行少量的股份，募集少量的資金，透過上市來贏得資本市場的認可。在這種思路的指導下，淘淘谷制定了這樣的上市方案：擬 IPO 發行 2,000,000 股，發行價每股 0.60 澳元，計畫融資 120 萬澳元。按照這一方案，所出讓的股份只占總股本的 0.32% 左右。

「先成為一個公眾公司，更開放地接受管理」，進而繼續擴大融資，這是熊強當時的考慮。淘淘谷如此早地啟動 IPO，貌似走了一條與其他公司不一樣的道路。按照通常的企業擴張程序，往往是先完成幾輪 IPO 前的融資，然後再啟動 IPO 計畫。而實際上，淘淘谷不急於透過 IPO 實現大規模融資，恰恰是參考了境內外其他科技類創業公司的經驗。

在中國如大眾點評，自 2006 年創辦，在 2012 年完成了 D 輪融資，尚無上市計畫公布。

在美國，與淘淘谷業務類似的如 Card spring（與美國收單機構 First Data 以及線上優惠券網站 Retail MeNot 合作）、Linkable network（與萬事達合作）等，都處在上市前的融資階段。

因此，淘淘谷先行邁出上市這一步，並不排除繼續在股市之外進行融資的可能。並且，上市帶來了幾方面的好處：一方面，既已成功上市，未來再在資本市場擴大融資也方便；另一方面，上市帶來的效應為今後繼續吸引投資帶來便利；三是提高品牌知名度，為業務擴張和國際化做準備。

淘淘谷赴澳上市時只轉讓少量股份，避免了股份被提前稀釋。在淘淘谷內部，創業團隊的持股均處於「鎖定」狀態。這些，都是今後將繼續擴大融資的意味。

「未來淘淘谷一定是超百億美元的公司」，這是熊強的遠大目標。

（二）上市前的「快速融資」

上市前的融資對於上市公司既是一種「雪中送炭」，也是一種背書。

在澳上市之前，淘淘谷曾有過 4 次「快速融資」，投資方分別為來自香港、新加坡、澳洲的投資機構和投資人，融資總額包括 3 百萬美元和 180 萬澳元，總額接近 1 千萬澳元（約合人民幣 6,463 萬元）。投資人中包括著名的天使投資人蔡文勝。

淘淘谷的原始註冊資本為 1 萬港元。在這幾輪融資之前，淘淘谷透過對法定股本的拆分和增加註冊資本，使總股本在 2011 年 3 月變為 1 億港元；2011 年年底到 2012 年 5 月間的三輪融資之後，總股本變為 1 億 2 千 5 百萬港元；後再經 2012 年 5 月的拆分和 9 月的第四次融資 180 萬澳元，上市前總股本為 633,744,600 股。

◆ 三、上市成效

（一）成為 O2O 概念第一股

按照淘淘谷的赴澳上市招股說明書，計畫發行 2,000,000 股，占總股本的 0.32%，募集金額 120 萬澳元（預計 8 百萬 ~1

千 6 百萬元人民幣）。

2012 年 11 月 27 日，淘淘谷（TUP.ASX）在澳交所掛牌上市，成為中國首家 O2O 應用領域的首家上市公司。每股發行價為 0.6 澳元，以每股開盤價 0.75 澳元計算，市值已達 4.8 億澳元（約合人民幣 31.3 億元）。當日每股收盤 0.95 澳元，市值超 6 億澳元，創下澳交所當年的最佳上市交易紀錄。

若按照高達 6 億澳元的市值（約合人民幣 39 億元，或 6.3 億美元），在當時已經超過了在美國上市的當當網（NYSE：DANG）市值 3.77 億美元、網秦（NYSE：NQ）市值 3.15 億美元。接近多玩 Y Y（NASDAQ：YY）的市值 6.9 億美元，YY 當年第三季營業收入就達 2.29 億元人民幣，淨利潤 3,513 萬元。

隨後的一個月間，淘淘谷股價翻倍，漲到每股最高 1.2 澳元左右；歷史最高價位甚至達到了 4.04 澳元（2014 年 6 月 3 日）。若按照 4.04 澳元的最高股價計算，淘淘谷的最高市值達到 25 億澳元，即突破了百億元人民幣。若在 4.04 澳元高點和此前的低點 1.3 澳元（2014 年 3 月 11 日）之間取中間值 2.74 澳元，淘淘谷的市值仍高達 17 億澳元。

淘淘谷的禁售期為兩年，在滿兩年之前的最後一個交易日（2014 年 11 月 26 日）的收盤價為 2.4 澳元。

雖然淘淘谷所發行的股份只有 2,000,000 股，占總股本的 0.32%，若按照上市後兩年內的股價，這部分股份的市值也不是小數。

下圖為淘淘谷在 ASX 上市之後兩年內（2012 年 11 月 27 日～2014 年 12 月 26 日）的股價走勢圖（單位：澳元）。

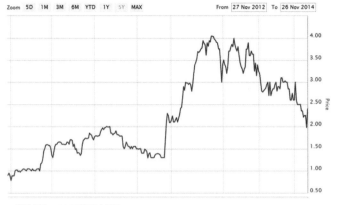

資料來源：ASX 交易所官方網站

　　淘淘谷成功上市帶來的好處還不止上面這些。2012 年年底，深圳市羅湖區政府獎勵淘淘谷 210 萬元，以表彰其依靠自主創新進入國際資本市場。

（二）再獲 320 萬澳元融資

　　2014 年 7 月 1 日，淘淘谷宣布與配售代理 Allied Elite International Limited（一家非關聯協力廠商投資公司）訂立協定，按每股配售價 3.05 澳元發行價，發行 106 萬股新股，占總股本的 15%，配售淨額約 320 萬澳元。所得款項將用於投資淘淘谷金融電子憑證及無卡支付清結算技術的研發。

（三）發展加速

　　上市之後的淘淘谷從之前的創業企業邁入了快速發展階段，合作夥伴從銀聯商務擴展到了中國銀聯、工商銀行、浦發銀行、華夏銀行、廣發銀行、騰訊、新浪、人民網、凱立德、中國聯通、中國電信、中國移動等公司。

新增的業務如與中國電信合作的「U 聯翼生活」（2014 年
2 月）；與招商銀行在行動支付收銀台智慧收單業務管理系統及
商戶智慧雲服務平臺方面的合作（2016 年 12 月）；透過與臺灣
久昌金融科技公司的合作（2016 年 5 月），把增值服務解決方
案推廣到臺灣地區；並與 First Data China[7] 合作（2015 年 5 月），
共同搭建服務於中國市場的軟體平臺 First Data。

淘淘谷的財務資料顯示，公司的總資產周轉率呈上升趨勢，
從 2013 年的 0.0507 提升至 2016 年的 0.8024，表明該企業的周
轉速度顯著加快，資本經營能力正在提升。

（四）總結與點評

在淘淘谷剛上市不久的一段時間裡，曾有人擔心這家公司會
不會只是「曇花一現」？而公司上市之後三年來（2013~2016 年）
的發展趨勢，表明當初的上市的確為公司的持續發展起到了促進
作用。

雖然淘淘谷的股價後續走低，但這與所對應的發展階段和公
司有無對市值進行管理的需要有關。

總的來說，淘淘谷上市創造的市值奇跡是對其上市方案和
策略的驗證。成功上市為之後再次募集資金和擴大業務創造了條
件。至於這家公司未來的發展命運，還要看行業機遇和管理層的
努力。

◆ 四、同業企業上市現狀

目前，在中國致力於 O2O 業務的平臺中，除了 BAT 等已上

市巨頭發起的業務外，其他獨立平臺中實現上市的只有少數幾家，如窩窩團。美團和大眾點評於 2015 年 10 月宣布合併，目前處於上市準備階段。與淘淘谷業務相似的美國 RetailMeNot 已於 2013 年上市。

（一）窩窩團

窩窩團成立於 2010 年 3 月，是一家團購服務網站。2015 年 4 月，窩窩團在那斯達克上市（NASDAQ：WOWO），募集資金 4 千萬美元；同年 6 月，窩窩團與眾美聯投資有限合併，更名為「眾美窩窩」。這次合併是互聯網領域不多見的縱向合併。窩窩團 IPO 前最後一輪 C 輪融資，融資金額為 5 千萬美元。截至 2017 年 5 月，窩窩團市值為 2.32 億美元。

（二）美國 RetailMeNot

RetailMeNot 集合各類零售商的電子優惠券並發布在其網站和智能手機應用上，若消費者在購買商品時使用了電子優惠券，則 RetailMeNot 將向零售商收取相應費用。

2013 年 7 月 20 日，RetailMeNot 在那斯達克上市（NASDAQ：SALE），IPO 發行價格為每股 21 美元，募集資金 1.91 億美元；截至 2017 年 5 月市值為 4.11 億美元。

---

7 First Data China 為 First Data Corporation 旗下的全資子公司，集團總部位於美國亞特蘭大市。

鼎盛鑫：
納入標普（澳洲）的中國「信貸工廠」

....

公司名稱：貴州鼎盛鑫融資擔保公司

股票代碼：DXF

所屬行業：非銀行金融服務

成立日期：2005 年 8 月 18 日

註冊資本：5 億元人民幣

註冊地址：貴陽市雲岩區

員工人數：500 人

董事長：郭鎮華

第一大股東：郭鎮華和唐文鳳（58.8%）

上市時間：2016 年 3 月 3 日

上市地點：澳洲 ASX 交易所

發行規模：5,000 萬股

募集資金總額：3,000 萬澳元

總市值：30 億元人民幣

境外融資 2：
20 家企業上市路徑解讀

鼎盛鑫是中國在海外上市的第一家融資擔保機構。公司由唐文鳳女士等人於 2005 年 8 月在貴州創立，是中國首家中小型企業和個人發展融資方案的專業訂制服務機構，也是家庭無抵押裝修擔保貸款模式的開創者。

近年來，在赴澳上市計畫的激勵和成功上市募集資金的支持下，公司業務不斷向全國擴張，快速成長為中國首家全國性的融資擔保服務商。

公司主要向中小企業和個人提供融資擔保業務，如銀行貸款擔保。同時也提供非金融擔保服務，如合約擔保、訴訟擔保等。主打產品如針對中小企業提供「營運資金擔保」，針對個人提供「家庭裝修擔保」。

上市時，公司服務客戶超過 6 千戶，90% 以上為小型企業、家庭、個人客戶，擔保額度在 1 百萬元以下（擔保貸款最小的客戶擔保額度僅為 2 萬元），在保餘額近 30 億元。

鼎盛鑫赴澳上市對於中國大量的非銀行金融服務機構是個借鑑。當然，受資本市場歡迎要以優秀的業績為前提。其招股書顯示，2014 財年鼎盛鑫營運收入達 1,441 萬澳元（合 7,355 萬元人民幣），稅後盈利 1,184 萬澳元（合 6,045 萬元人民幣）；2013 財年營運收入 913 萬澳元（合 4,662 萬元人民幣），稅後盈利 581 萬澳元（合 2,967 萬元）。

赴澳上市一年後，鼎盛鑫被列入標準普爾／澳交所指數（S&P／ASX Indices），成為最受關注的企業之一，而企業的發展空間也隨著各類合作資源的集聚而進一步打開。

◆ 一、上市訴求

（一）持續增強風險管理能力

融資性擔保公司的功能是為中小企業或個人的借款提供增信，助其獲得銀行貸款，收取擔保服務費，並承擔融資擔保的風險。一旦出現風險事件，即借款人違約、不能如期還款的情況，將由擔保公司代還款（代償），代償率是衡量擔保行業壓力的主要指標。在當前總體經濟下滑的背景下，融資擔保的需求會上升，而行業的風險也在上升。中國銀監會資料顯示，2014 年全行業新增代償 415 億元，年末代償餘額 661 億元，擔保代償率 2.17%。過去幾年來代償率呈上升趨勢，此前，2011 年為 0.5%，2012 年為 1.3%，2013 年為 1.6%[1]

中國的擔保行業只有 20 多年發展歷史，尚處於成長階段，應對金融風險的經驗有限。而打鐵還得自身硬，除了商業模式的優化和日常經營中的謹慎，企業品牌和資金等實力的提升是應對行業風險的基礎條件。一旦代償壓力超過了擔保公司的承受能力，將導致代償困難。擔保業有「保一賠百」的說法，即 3% 的擔保費用對應著承擔 100% 的代償責任。

2015 年發生在河北省的「融投事件」[2]，就是因借款企業集中出現違約和逾期，使得擔保平臺河北融投集團承擔的代償壓力加劇，經營出現困難。河北發生的情況只是全國擔保行業的一個縮影。2015 年以來，擔保行業發展速度明顯放緩，擔保公司面對業務量萎縮、代償率上升的局面。2015 年全國有 3,389 家擔保機構、18 家再擔保機構向管理部門履行資訊報送，數量

比 2014 年減少了 491 家。數量縮減意味著行業在經歷著「倒閉潮」。

風控體系不強是民營擔保公司「倒閉潮」的原因之一。此前幾年，有些擔保公司為做大規模，對客戶篩選、風控評估不嚴，埋下了禍根。

資本規模和資金實力是導致「倒閉潮」的另一原因。中央財經大學教授郭田勇認為，資本規模和資金實力是擔保公司發展的核心要素，「沒有錢就別做擔保，既做不來也做不好。」

與擔保行業出現的困境相反，貴州鼎盛鑫公司在發展中形成了一套自己的模式，其特點是能夠做到業務擴張與風險控制的兼顧。鼎盛鑫上市前的核心業務是「無抵押裝修擔保貸款」，所服務的對象擁有有形資產，有固定的位址，利於風險控制。在風險可控的前提下，借款人能夠享受到較低的利率和較長的借款期限，彰顯「普惠」精神。

除了業務模式的選擇和對擔保項目的風險識別之外，鼎盛鑫需要增強自身的資金實力，「透過國際資本市場通道，用國外資本市場的錢，服務於中國的融資擔保行業」，這是鼎盛鑫創始人唐文鳳的期待。

1　資料來源：前瞻研究院。

2　河北融投指河北融投擔保集團有限公司。2015 年 1 月，因擔保風險爆發，河北融投暫停了擔保、代償、釋放抵押物等業務，牽涉多家銀行、信託公司、基金公司、P2P 以及有限合夥。河北融投對外擔保額保守估計約 5 百億元。資料來源：財新網。

下圖為中國融資擔保行業代償率的年份變化情況。

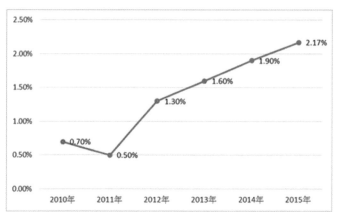

資料來源：前瞻研究院

（二）走出貴州布局全國

在赴澳上市前，鼎盛鑫已經開始走出貴州。2011 年，鼎盛鑫在成都、深圳、瀋陽成立分公司，向全國擴張。後面幾年，鼎盛鑫再將分公司開到了江西、廣西、新疆、山東等地，成為全國性的融資擔保服務機構。

實現擴張所基於的條件包括「無抵押裝修擔保貸款」業務的通用性，以及全國中小企業普遍面臨的「融資難」問題。另外，從政策監管上，對擔保服務比較開放，分支機構開設不需要經過複雜的審批。

擴張所帶來的挑戰，除了成本的增加，還有管理體系的深化、品牌知名度和認同度的提升等。在全國各地，都有一些本地的擔保公司，鼎盛鑫面臨眾多的競爭對手。因此，鼎盛鑫急需透

過上市等方式來提高其競爭力。

◆ 二、關鍵努力

（一）選對上市方向

融資擔保類企業在中國資本市場上的處境可謂尷尬。在鼎盛鑫赴澳上市前，除了在新三板掛牌，中國尚無融資擔保類民營企業成功上市的先例，大部分同行業企業的募集資金方向是在新三板掛牌，但對於這些企業來說，新三板掛牌之路也不是很順暢。已成功實現在新三板掛牌的融資擔保企業中，有不少因未能達到募集資金的預期目標而主動選擇摘牌。

按照中國的監管規則，融資擔保企業屬於「類金融」企業[3]，而股轉系統對「類金融」企業的監管一直在收緊。2015 年年底，私募機構在新三板掛牌被叫停；2016 年 1 月，股轉系統向券商發出視窗指導，宣布將暫停「類金融」企業掛牌，並嚴格限制已掛牌企業進行股票發行、併購重組等業務。2016 年 5 月，股轉系統發布《關於金融類企業掛牌融資有關事項的通知》，再一次宣布暫不受理其他具有金融屬性企業的掛牌申請。

那些已在新三板掛牌的「類金融」企業，也無法進行定增或

---

3 「類金融」企業即股轉系統（新三板）所指的「其他具有金融屬性企業」，包括小貸公司、擔保公司、典當公司等。到 2017 年 3 月新三板共有 67 家「類金融」企業。其中，小貸公司 46 家，擔保公司 8 家，租賃及其他金融公司 12 家。

其他重大資本運作，不少企業選擇主動離開。佳和小貸、三花小貸分別於 2016 年 11 月、2017 年 1 月正式從新三板摘牌；融興擔保、億盛擔保均在 2017 年 2 月摘牌；3 月，又有山東再擔宣布擬終止掛牌，此前該公司股票的成交額僅 1,260 元。

那些仍在新三板堅守的企業，融資狀況也不理想，在 7 家「類金融」企業中，有 2 家掛牌以來成交破億元，另有 2 家成交額在 5 千萬元左右，有 3 家在掛牌以來成交額為零。並且，大部分掛牌企業還面臨著營業收入下滑和利潤下滑的壓力。

看來，新三板不符合融資擔保類企業的融資理想。

要上市，就要選對方向。如前文中所言，澳洲的金融業發達，金融企業在上市公司中占了半壁江山，資本市場很歡迎金融企業。並且，在澳洲的交易所掛牌，是真正意義上的「上市」[4]，能夠直接面對數量眾多的投資者和規模龐大的投資資金。

（二）選對合作夥伴

赴海外上市，必須選擇一個專業的合作夥伴，全程陪伴上市進程。選對合作夥伴，是鼎盛鑫成功在澳上市的關鍵。輔導鼎盛鑫上市承銷工作的 AGC 資本證券，是展騰投資集團在澳洲子公司，持有金融服務牌照，直接為中概股提供全面服務。

展騰投資集團是一家集金融投資、境外上市、基金管理、資產營運等服務為一體的綜合性跨國金融服務集團，是中國唯一一家擁有澳洲上市服務、股票承銷、金融資產管理等資質的境內金融機構，下轄北京展騰渤潤投資管理有限公司、香港華鑫投資控股公司、澳洲 AGC 資本證券有限公司等，在中國多個省市設有分公司，並在韓國、日本、臺灣等國家和地區亦設有分支機構。

協助鼎盛鑫上市承銷工作的 AGC 資本證券有限公司，是展騰投資集團在澳洲子公司。作為持有澳洲金融服務牌照的公司，AGC 可以為準備赴澳上市的企業提供專業的 IPO 一體化諮詢、資產與業務重組、財務及稅務整理、公司結構設計、出品投資研究報告等全程一站式的財務顧問服務。2017 年 5 月，展騰投資集團在澳洲交易所（NSX）掛牌上市。

（三）先上市再增發

2016 年 3 月，鼎盛鑫以每股 0.6 澳元的發行價在澳交所上市，之後半年多的時間裡，股價維持在 0.7~0.8 澳元的高位，為增發創造了較好的條件。

2016 年 7 月，鼎盛鑫融資擔保有限公司成立雪梨分公司；9 月 5 日，鼎盛鑫在雪梨 CBD 雷迪森廣場酒店舉行首場針對海外市場的定向增發路演。透過路演，鼎盛鑫向投資人及專業投資機構發出邀請，希望有更多的投資人及投資機構與鼎盛鑫結識，參與鼎盛鑫的定向增發。鼎盛鑫總裁唐文鳳把此次增發和路演視為鼎盛鑫國際化進程的重要一步，以推動將鼎盛鑫的普惠金融業務產品實現在澳洲落地，惠及海外華人和投資人。

2016 年 10 月，廣西股權交易中心、香港 GEP 資本集團等分別與鼎盛鑫就參與定向增發及雙方業務發展合作達成一致並簽約。

---

4 按照官方的界定，在中國的新三板掛牌的企業屬於非上市類掛牌，只能向符合一定門檻的投資者融資，目前的基本門檻是擁有 5 百萬元以上的可投資資金。

下圖為鼎盛鑫（DXF）在澳交所上市半年來（2016年3月~10月）的股價走勢。

資料來源：澳交所官方網站

◆ 三、上市成效

（一）納入標普（S&P）澳洲普通股指數

在澳上市一年後，鼎盛鑫（ASX：DXF）被納入標準普爾／澳交所指數（S&P / ASX Indices）的普通股指數，自2017年3月10日起生效。

標準普爾道鐘斯指數是標準普爾全球（紐約證券交易所代碼：SPGI）的一個分支，為個人、公司和政府提供了重要的市

場訊息，是投資者衡量市場和交易的主要方式。標準普爾／澳交所指數的普通股指數，是澳洲股票市場營運狀況最重要的市場指標，代表了澳洲證交所上市的 5 百家最大的公司。鼎盛鑫（ASX：DXF）被納入標準普爾／澳交所指數，是其市場地位的象徵。

下圖為過去 5 年來（2012 年 5 月~2017 年 5 月）的標準普爾／澳交所指數的普通股指數走勢。

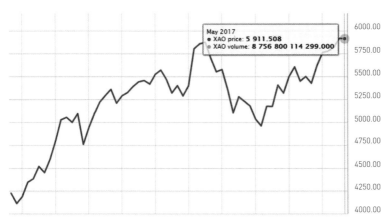

資料來源：澳交所官方網站

（二）把生意做到澳洲

在正式登陸澳洲資本市場之前，鼎盛鑫已在瞄準澳洲商機。這是因為在與展騰投資集團溝通上市事宜的過程中，瞭解到了旅澳華人等在投資方面的需求，擬推出三大類擔保創新業務：「海外教育＋擔保」、「海外投資＋擔保」、「海外金融＋擔保」。此外，公司還將推出「移民＋擔保」的創新產品模式。

為實現這些新產品落地，鼎盛鑫（澳洲）以及在澳洲的子公司富甲國際金融學院（FXPLUS）成立，並與移民服務機構展開合作。富甲國際金融學院從自身現有成熟業務產品出發，深度進行業務探索，打通「國界」，全面為客戶提供海外留學深造、海外置業、海外投資等多方面的擔保服務。

　　2016 年 10 月 26 日，鼎盛鑫總裁唐文鳳與奧燁集團及澳洲國立投資移民理事會進行溝通，談及鼎盛鑫與奧燁集團合作事宜，以及鼎盛鑫創新移民擔保新產品——移民業務中心履約擔保業務。2016 年 11 月，鼎盛鑫融資擔保（中國）合作事業部總經理黎崇健專程前往澳洲，參加富甲國際金融學院與奧燁移民服務有限公司[5]的業務合作洽談及新型產品開發。雙方確定了合作方向：鼎盛鑫將在全線代理奧燁移民業務的基礎上，推出「移民＋擔保」創新產品模式，在鼎盛鑫（中國）的近 20 家分支機構進行投放；同時，奧燁公司將為客戶制定針對鼎盛鑫在資本市場股票投資型的產品，為客戶的投資理財帶來更多選擇。

　　（三）中國「地盤」快速擴大

　　從貴州走向國際化資本市場，鼎盛鑫是中國在海外上市的第一家融資擔保機構，也是貴州省唯一一家在海外上市的企業。2016 年 4 月初，剛剛在澳洲上市的鼎盛鑫在貴陽舉行戰略發布會，宣稱未來將發展超過 1 百家分支機構，服務超過 1 百萬個家庭和中小型企業，做中國擔保的「百年企業」。

　　貴陽市副市長王玉祥給予鼎盛鑫這樣的評價：「鼎盛鑫已經成為貴陽市、貴州省乃至全國金融行業標竿，對於正在革新中的中國擔保企業來說影響巨大，且意義深遠。」

成功在澳上市之後，鼎盛鑫吸引了眾多的關注，並在中國展開一系列的併購或建立合作的大動作。國開漢富、廣西金融投資集團等成為鼎盛鑫的合作夥伴。

2016 年 10 月，鼎盛鑫與貴州長征天成控股股份有限公司建立合作關係，後者是中國主板上市公司，旗下全資子公司——天成資訊服務有限公司旗下網貸平臺「天成貸」得到鼎盛鑫的支持，借助「互聯網＋模式」，實現快速擴張。

2016 年 12 月，鼎盛鑫與山東翔盛融資擔保有限公司建立戰略合作。翔盛擔保於 2006 年成立，是資金雄厚、專業規範的知名融資擔保品牌。基於雙方的合作關係，鼎盛鑫的核心產品在山東的推廣將得到翔盛擔保的支持。此外，雙方還將共同致力於移民、留學等擔保創新領域的研究和拓展。

2017 年 2 月，鼎盛鑫併購甘肅合創信用擔保，從而在西北地方形成完整的業務網路。

借助遍布全國各地的分支機構和對各類融資擔保業務的滲透，鼎盛鑫儼然成了規模巨大的「信貸工廠」。

（四）「整裝貸發」與「貴州模式」

「整裝貸發」是鼎盛鑫總結出的一套旨在收購和重組擔保公

---

5 奧燁移民服務有限公司是華南地區最具影響力的移民品牌機構，業務範圍包括全球投資移民服務、海外房地產業務、海外金融理財產品服務。公司在中國廣州、澳洲雪梨都設有辦事機構，是深獲全國投資移民客戶信賴與支援的綜合性跨國企業。

司目前的風險業務、提高信貸資產品質，並將資產規模化、集約化的操作過程。所謂「整」指整合資源；「裝」指重組、包裝；「貸」指改善企業和金融機構連接方式，透過增信、分險、合作、擔當的貸款方式，壓降和清除貸款不良率；「發」指利用好連通境外資本市場的平臺與通道，發揮資本市場的動力和效力，發揮槓桿作用，讓相關企業和業務煥發生機，重新出發。

「整裝貸發」頒布的背景是，在澳上市後的鼎盛鑫進一步獲得政府部門的信任，並受貴州省政府、貴陽市政府委託參與化解金融風險事件，或提供在資產、資金的有效轉化，在貸後管理、風險緩釋和化解以及擔保領域的整合、重組、併購方案。由鼎盛鑫推動探索的一系列方案被冠以金融風險管理領域的「貴州模式」。這對於鼎盛鑫而言，有機會參與更多的金融資產重組業務，並為政府排憂解難。

（五）總結與點評

從名不見經傳的小公司，成長為中國金融領域最具影響力的民營融資擔保服務商之一，鼎盛鑫再次詮釋了「從醜小鴨到白天鵝」的全過程。

鼎盛鑫的成功與創始人的韌性和大志有關，與科學的商業模式和風險管理探索有關，也與合理的資本化路徑有關。赴澳上市成功不只是錦上添花，更是鼎盛鑫實現實力飛躍和國際化發展的關鍵一步。

如果兩年前，鼎盛鑫不是果斷選擇赴澳上市，而是在中國資本市場排隊融資，也許至今還在排著隊等待契機的出現。

◆ 四、同業企業上市現狀

在民營融資擔保企業中，除了鼎盛鑫之外，很少有借助資本市場實現飛躍發展的案例。在同業公司中，中投保算是一個特例，其強大的國資背景非一般民營企業能比。

中投保

中投保的全稱是中國投融資擔保股份有限公司，於 1993 年經國務院批准，由財政部、原國家經貿委發起設立，為國投集團成員企業。經過長期的發展和業務實踐，公司初步構建了信用增進、資產管理、互聯網金融三足鼎立的業務架構，建立了跨貨幣市場、股票市場、債券市場的業務線。截至 2016 年年底，公司註冊資本 45 億元，資產總額達 130.47 億元，擁有銀行授信 1,020億元。

2015 年 12 月，中投保（交易代碼：834777）在全國中小企業股份轉讓系統（即新三板）掛牌。公告顯示，中投保 2015年 1~6 月、2014 年度及 2013 年度營業收入分別為 6.17 億元、14.78 億元及 12.26 億元；淨利潤分別為 2.49 億元、1.32 億元及3.19 億元。

中投保掛牌以來，股票在新三板成交 4.5 億元，在擔保公司中居首位。

重慶富僑：
傳統理療謀新局

....

公司名稱：Traditional Therapy Clinics Limited

股票代碼：TTC

所屬行業：健康服務（傳統理療）

成立日期：2015 年 2 月

註冊資本：50 萬元人民幣

註冊地址：澳洲（TTC）、香港（中國富僑保健產業有限公司）

員工人數：未公示

董事長：胡芝容

第一股東：胡芝容及其團隊持 70%

上市時間：2015 年 9 月 8 日

上市地點：澳洲 ASX 交易所

發行規模：3,000 萬股

募集資金總額：1,500 萬澳元

總市值：1.1 億澳元

重慶富僑（在澳洲昆士蘭註冊名稱 Traditional Therapy Clinics Limited，TTC）[1]，是中國最大的傳統足浴保健連鎖企業。截至 2015 年 4 月 30 日，公司擁有 310 家直營店和加盟店，擁有品質和規範的標準化經營模式，是行業內唯一持有馳名商標的企業。公司在業內具有領導地位，曾受國家有關部門委託，於 2010 年起草行業技術標準。

健康產業被認為是「永恆藍海」，其中足療產業規模超 2 千億元但由於行業經營分散，重慶富僑作為行業龍頭也只占到市場占有率的 1% 富僑系包括四大支脈——重慶富僑、家富富僑、郭氏富僑、家貴富僑，分別由郭氏四兄弟郭家榮（及其夫人胡芝容）、郭家華、郭家富、郭家貴創建，均源於 1998 年 7 月郭家四兄弟聯合開辦的重慶楊家坪富僑總店。率先上市的重慶富僑主要由「大嫂」胡芝容掌管。

重慶富僑的營業收入和淨利潤主要來源於旗下的加盟店，每個加盟店每年需向 TTC 繳納 33 萬元的加盟費用。公司此次在澳上市籌資 1 千 5 百萬澳元，折合人民幣 6,660 萬元，將主要用於發展直營店等。發行後，TTC 總市值 10,597,056 億澳元，折合人民幣 4.7 億元。創始人胡芝容間接持有 62.04% 股份，身家折合人民幣約 2.92 億元。

---

1 在澳洲上市的公司主體為 TTC，但在中國而言，習慣上認作是重慶富僑的上市，所以在本案例中 TTC 上市與重慶富僑上市同義。

◆ 一、上市訴求

（一）擴充直營力量

重慶富僑這次上市募集資金的 73.3% 用於在兩年內開直營店，涉及資金額約為 1,099 萬澳元（約合人民幣 4,934 萬元）。

吸收加盟經營是重慶富僑過去幾年的主要擴張方式。在 2007 年時，加盟店數量只有 14 家。赴澳上市前，重慶富僑在全國擁有門市 310 家，其中有 299 家是加盟店，占總門市數的 96.45%；自營店數量在 2012 年時只有 2 家，2015 年 4 月末才增加到 11 家。加盟費用成為公司的主要收入來源。每個加盟店每年向公司繳納 11 萬元特許經營權費用，10 萬元培訓費，12 萬元管理費，合計 33 萬元。雖然建設直營店的投入較高，但所有利潤都屬於公司，利潤貢獻可比加盟店高 10 倍。

透過加盟店實現擴張，重慶富僑的規模快速提升，過去 4 年間，年平均營業收入增速約為 69%，營業收入從 2012 年的 882.3 萬澳元增長至 2014 年的 3,086.4 萬澳元，預計 2015 年將達到 4,166.2 萬澳元；淨利潤從 2012 年的 329.4 萬澳元，增長至 2014 年的 1,301.7 萬澳元，預計 2015 年將達到 1,585.3 萬澳元。

加盟店比重較高使得重慶富僑成為一家典型的輕資產公司。截至 2014 年 12 月末，公司的淨資產為 1,897.5 萬澳元，而當年的淨利潤為 1,301.7 萬澳元。

但加盟發展的模式也存在難題，公司對加盟店的管控難，服務標準和品質不能保證，有時對品牌不利，存在一定風險。

直營店較少與發展過程中的「分家」有關。1998 年，郭氏四兄弟一起在重慶創業，2000 年 1 月在重慶九龍坡買下兩層樓面，註冊成立重慶富僑公司，開始品牌化經營。但 2004 年起，四兄弟中的郭家富、郭家華、郭家貴分別離開重慶富僑公司，獨立創辦「家富富僑」、「郭氏富僑」和「富僑貴足道」；加上後來傳出的郭家榮夫妻離婚，之後重慶富僑由胡芝容獨立支撐，沒有了最初的創業夥伴支持，難以快速發展直營店，使得重慶富僑公司的直營店資產成了相對薄弱的部分。

（二）應對「山寨店」

足療保健行業的規模巨大，2014 年，中國足療產業的行業收入為 2.160 億元，預計到 2017 年行業收入將達到 2,870 億元[2]。但行業集中度較低，重慶富僑和華夏良子是兩個最大的行業市場主體，可兩者的市場占有率均在 1% 左右。

除此之外，「山寨店」現象氾濫。在全國以「富僑」為名的店面有上千家，其中除了重慶富僑公司的直營店和加盟店，以及郭氏兄弟分頭發展的品牌店面以外，存在大量的不被認證的「山寨富僑店」。

「山寨店」的出現有幾種情況，有的是在「富僑」二字前面加上各種定語，打擦邊球，或者在後面加上「加盟店」字樣，給人形成「富僑」加盟店的印象；更有甚者，直接打「重慶富僑」的招牌，偽裝成加盟店；還有的是曾經的加盟店，包括曾與重慶

---

2 資料來自重慶富僑公司的公告中引用和君諮詢的分析報告。

富僑或郭氏兄弟的自營店有加盟關係的店，由於各種原因中斷加盟關係之後仍繼續使用「富僑」的招牌。

很顯然，類似的現象氾濫不僅對「重慶富僑」的品牌和消費者利益是一種侵害，還會弱化品牌的變現能力，即弱化了新建店面繳納加盟費用的動力，不利於重慶富僑公司的持續盈利。在重慶富僑公司的官網上，經常遇到加盟關係求證，但公司一時無力逐一進行維權。按照首席執行官張三政的打算，擬在「上市之後，對山寨店進行清理」。「清理手段」中不排除對符合一定標準的店進行收購。

（三）進軍海外市場

隨著移居海外和旅行海外的華人增多，海外市場的潛力越來越大，重慶富僑擬在符合條件的城市開店，尤其是東南亞、澳洲、北美的華人聚集地。

◆ 二、關鍵努力

（一）由香港轉赴澳洲

2011 年起，重慶富僑開始有上市的意圖，並在香港成立中國富僑健康產業（香港）有限公司，擬準備在香港聯交所上市。在其之前，家富富僑已於 2009 年名列創業板候選企業名單[3]，華夏良子已於 2010 年引入風險投資。

香港資本市場的特點是，大部分機構只對大盤股感興趣，小盤股的吸引力有限。所以，重慶富僑赴港上市的計畫未有實質推進。

到後來，重慶富僑發現，更適合其上市的地點是澳洲。除了前文中提到的門檻較低、週期短、華人投資者聚集之外，澳洲是接受中醫療法最早的西方國家之一，國民可以使用社保用於針灸、理療等服務，澳洲居民對來自東方的足療行業有新鮮感，預計重慶富僑上市後易受追捧。

（二）本地化操作

重慶富僑赴澳上市的過程中有很多本地化的專業力量支持，這為順利上市以及吸引更多本地投資人和公司未來的發展打下了堅實的基礎。

在富僑的澳洲公司 TTC 的高層管理團隊中，董事會主席是前普華永道資深合夥人，並曾擔任澳交所多家上市公司主席的 Andrew Sneddon；兩位獨立董事 Jeff Fisher 和 Glen Lees 是澳洲著名連鎖加盟公司「OPORTO」的前任 CEO（首席執行官）和 CFO（首席財務官）；董事會祕書 Lisa Dalton 是著名澳洲大型礦業上市公司 Macarthur Coal 的現任董祕；資本市場顧問包括澳洲老牌投資銀行 BBY China 的合夥人兼董事總經理趙俠先生，全面負責和中澳機構投資人的溝通和融資；BBY China 的另一位合夥人兼董事總經理的吳中翰出任 TTC 首席財務官。

由於受到 AGC 資本證券有限公司（展騰投資集團子公司）的支持，TTC 的 IPO 獲超額認購，取得優異成績。AGC 資本證券有限公司是持有澳洲聯邦政府和投資委員會頒發的金融服務牌

---

3 家富富僑後因擴張模式遇阻，上市進程延遲。

照的公司，主要業務包括投資銀行、公司顧問和基金管理。

作為 AGC 資本證券的股東，展騰投資集團是重慶富僑赴澳上市的最大推手，提供了上市前、後的全面統籌與具體執行等服務。

重慶富僑在澳上市採用的是紅籌模式，即在海外成立的澳洲傳統理療公司全資持有「中國富僑保健產業有限公司」（TTC），而後者全資持有重慶富僑的全部資產和品牌。這是首家成功運用紅籌模式在澳洲上市的中資企業。由於在紅籌模式下，在澳上市的實體是在澳洲本地註冊的公司，利於簡化審批流程，並為與澳洲本地資本力量的融合創造條件。

◆ 三、上市成效

（一）兩個多月完成上市

TTC 從 2015 年 6 月 16 日正式向澳洲證券投資委員會（ASIC）遞交招股說明書，到在 ASX 成功掛牌上市，只用了不到三個月時間。由於 IPO 超額認購，投資人僅能認購、申購股票額度的 70%。IPO 發行價為每股 0.50 澳元，共計發行 3 千萬份股票，籌資 1 千 5 百萬澳元，發行後，公司總市值約 1.1 億澳元。

隨著公司在澳上市，當年的「洗腳妹」、富僑「郭氏養生按摩手法」非物質文化遺產代表性傳承人胡芝容的身家折合人民幣超 3 億元。

TTC 上市後，股價一度飆升至 0.71 澳元，漲幅達到 40%。上市後，公司向投資者們派發了 4% 的半年期股息。

為實現在澳洲的門市擴張，上市後 TTC 啟動增發計畫，2016 年與 AGC 資本再度聯手，總計融資額增發 5 百萬澳元。

下圖為 TTC 在澳上市之後的股價表現（2015 年 9 月 8 日~2016 年 9 月 7 日）。

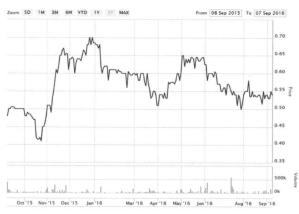

資料來源：ASX 官方網站

（二）盈利能力提升

TTC 在 ASX 上市後，重慶富僑直營門市建設加速，盈利能力提升明顯。截至 2015 年年底，重慶富僑自營店數量達到 19 家，加盟店數量達到 314 家，均超過招股書預期。其中新增 36 間特許（加盟）店，較上年同期增長 13%；收購和營運 8 家店，總數較上年同期提高 73%。

由於富僑自營門市的增加，利潤大幅增長。按照 TTC 的 2015 度報告，在 2015 財年的未扣除息稅攤銷折舊的盈利（EBITDA）為 2,590 萬澳元，稅後淨利潤為 1,710 萬澳元。

（三）總結與點評

TTC 的成功上市改變了中國公司到澳洲上市困難、在澳洲本地籌集資金難的尷尬局面，為中國行業龍頭企業到澳洲上市開了個好彩頭，扭轉了澳洲本地投資人對中概股的不良印象。

而對於足療保健等傳統行業來說，有了「足浴第一股」重慶富僑（TTC）的示範，未來將有更多的企業往標準化、規模化、證券化方向發展，相關產業的社會地位和品牌形象都將隨之改觀。

◆ 四、同業企業上市現狀

重慶富僑和華夏良子是兩個最大的足療保健行業市場主體，重慶富僑在上市道路上先行一步之後，同為行業龍頭的華夏良子的未來證券化之路引人猜測，雖然其尚無公開的上市計畫，卻已在國際化發展方向上大步前行。此外，在更加細分的市場領域，如服務於女賓健康的高級 SPA 等，也將在大健康產業的概念下積極對接資本力量。

（一）華夏良子走向海外

自 1997 年成立至今，華夏良子走過了 20 年的發展歷程，擁有了 3 百多家門市，並從中國走向海外。與重慶富僑類似，從泉城濟南起家的華夏良子也打著傳統中醫健康文化的旗號，但更側重宣揚「自然療法」，並根據細分人群開發不同的服務。

華夏良子的國際化戰略啟動較早。2007 年，借助北京奧運前的中德體育交流，華夏良子有機會讓外賓體驗並得到認可，隨

後華夏良子入駐德國的巴特基辛根市，並在德國建立歐洲總部。目前，華夏良子已在倫敦、柏林、芬蘭赫爾辛基、荷蘭海牙、挪威莫斯等國際大都市開了多家門市，其在日本、韓國、澳洲等地的擴張計畫也已啟動。

（二）家富富僑謀重整

在重慶富僑之前，富僑系的另一支——家富富僑曾經率先對接資本市場，募集資金擴張門市，並樹立了在 A 股上市的目標。遺憾的是，家富富僑在酒店建設方面的盲目擴張使其陷入債務危機，上市計畫被迫中止。而重慶富僑上市成功，刺激了郭氏兄弟，上市的夢想再次燃起。在重慶富僑正式在澳掛牌前夕，家富富僑召開經銷商大會，極其大方地給到場的 5 百個經理每人獎勵一套房子；郭氏兄弟將聯合上市融資的消息也從會上傳出。

隨著債務危機正在成為歷史，家富富僑創始人郭家富期待整合郭氏資產，而他手中的牌，除了江津富僑大酒店，還有透過培訓和品牌輸出在全國形成的 6 百多家加盟店，以及這些加盟店結夥取暖、共同提升服務品質的願望。

東方現代農業：
上市後市值翻倍增長

....

公司名稱：東方現代農業控股集團有限公司

股票代碼：DFM

所屬行業：農產品生產與銷售

成立日期：2005 年 10 月

註冊資本：3,900 萬港元

註冊地址：江西贛州

員工人數：未公示

董事長：蔡宏偉

第一股東：香港環球縱橫全資（上市前）

上市時間：2015 年 10 月 19 日

上市地點：澳交所（ASX）

發行規模：3,900 萬股

募集資金總額：4,000 萬澳元

總市值：4.8 億澳元

東方現代農業控股集團有限公司（東方現代，DFM）來自中國臍橙之鄉江西贛州，是澳交所迎來的首支中國農業股，還是赴澳上市中國企業中募集資金最多的之一。

　　東方現代農業主要從事綠色有機農產品的生產和銷售。透過全資營運實體贛州中國現代農業有限公司，在中國進行高品質橘子、臍橙、柚子、茶樹果的培植和銷售。公司是行業龍頭企業，按產品銷售收入計，是 2014 年中國第二大柑橘生產和銷售公司，占到全國行業總收入的 1%；按種植面積計，為中國第三大柑橘種植和銷售公司。

　　東方現代農業 IPO 所募資金中有高達 3,920 萬澳元來自澳洲本地和國際機構投資者，首募總額在澳交所上市的中概股中屬最高。同時，東方現代農業也得以成為在澳交所上市的同類企業中規模最大的一家。

◆ 一、上市訴求

（一）發揮資產負債潛力

　　隨著中國民眾更加注重健康飲食，中國柑橘類水果消費以高達 8% 的年複合增長率增長，2015 年前後的年總需求量達 3 千 2 百萬噸。因此，柑橘種植產業有著廣闊、成熟且日益增長的市場。2009 年成立的東方現代農業以柑橘水果生產為起點，實現了快速成長。

　　上市公告顯示，東方現代農業名下種植園達 19 座，總種植面積達 8,643 公頃（129,645 畝），2014 年水果總產量超過 20

萬噸。2014 年銷售收入達 1.33 億澳元，淨利潤 6 千 7 百萬澳元。受益於自 2009 年起大部分農產品生產都免繳企業所得稅和增值稅，過去 5 年來在盈利強勁增長的情況下，東方現代留存收益約達 2.13 億澳元，營運利潤率超過 40%，並可將大量現金流用於收購新種植莊園營運權，再投資於業務增長。

由於上市前的併購主要是使用現金流，公司處於零債務狀態。在這種情況下上市募集資金，可發揮資產負債能力，支持未來擴張。

（二）搶抓中澳自貿機遇

東方現代農業赴澳洲上市是為抓住中澳自貿協定（FTA）給兩國農產貿易帶來的巨大機會。澳洲方面在自貿協定當中的最為關注是其農產品對中國市場的準入問題。

澳洲對中澳農產品貿易的看好是東方現代農業受歡迎的主要原因。中國是澳洲農產品的最大買家，僅 2013 年就進口了約 90 億澳元的農產品。根據澳洲資源經濟與科技局的預測，在 2050 年之前，中國對農產品的需求將占世界市場的 43%。澳洲政府堅信，中澳自貿協定將有力地提升其與美國、加拿大及歐盟等對手在農產品方面的競爭能力。

按照中澳自貿協定，中國政府承諾將分期分批取消進口澳洲農產品的關稅。

（三）收購澳洲農業資產

上市之後，東方現代農業考慮收購更多農地承包經營權以提升產量，計畫在 12 個月內斥資 8 千萬澳元用於收購承包經營權，擴大種植面積，以及在澳洲投資優質農業項目，並幫助澳洲生產

商利用東方現代農業在中國的分銷網路以擴大其在中國的市場。

◆ 二、關鍵努力

（一）發揮自身天然優勢

選擇赴澳上市，東方現代農業利用了自身作為農業企業的優勢：一是澳洲作為農產品出口大國，澳政府和資本市場對農業企業的支持；二是趕在中澳自貿協定簽署之後，中澳農產品貿易成為熱門領域之際選擇赴澳上市，更容易吸引關注，因為兩國民眾都期待中澳自貿協定給農產品貿易帶來巨大機會；三是作為首個赴澳上市的中國農產品企業，讓很多海外投資者抱以興趣。

（二）讓海外投資者充分瞭解自己

如何讓澳洲的投資者瞭解自己，這是赴澳上市的中國企業都要面對的問題。東方現代農業在自我推介方面做得比較成功，包括以下三點：一是讓海外投資者看到企業的資產，多年持續盈利，且無負債，營運基本面及增長前景強勁，柑橘類消費以高達 8% 的年複合增長率增長，公司銷售收入以 17% 的速度增長，2015 年公司銷售收入和淨利潤預計分別增長至 1,764 億澳元和 7,540 萬澳元；二是讓海外投資者瞭解中國針對水果等農產品的稅收優惠政策——大部分農產品生產都免繳企業所得稅和增值稅，東方現代農業主營的柑橘生產和銷售還享受政府補貼，利於企業利潤留存，且這一政策具有長期性，使得企業營運利潤率穩定保持在 40% 左右；三是充分開展推介活動，推介的範圍涵蓋澳洲、紐西蘭、香港等地，推介的時間自 2015 年 7 月就已開始。

◆ 三、上市成效

（一）海外投資者積極認購

東方現代農業 IPO 新股發行價為每股 1 澳元，初始市值 3.9 億澳元。招股過程中受到投資人強力支持，澳洲本地投資人和香港機構投資者認購新股比例高達 97%。公司股票 2015 年 10 月 19 日首日掛牌交易開盤跳漲 6%，終盤報收於 1.25 澳元，漲幅 25%。東方現代農業上市後的首個年報也不負眾望，截至 2015 年年底，東方現代集團營運收入比上年增長 26%，達到 1.99 億澳元；稅前正常化利潤增長 30%，達到 9 千萬澳元，遠高於招股書中預估的 7 千 5 百萬澳元。每股盈利約為 0.23 澳元。

（二）市值翻倍增長

東方現代農業自 2015 年在澳上市後，用了半年時間，到

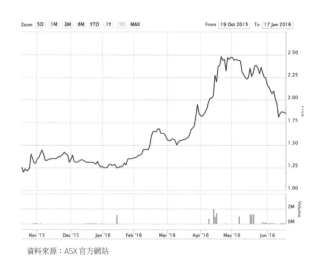

資料來源：ASX 官方網站

2016 年 4 月，股票價格上漲到最高 2.48 澳元（2016 年 4 月 20 日），實現股票市值翻倍，最高達 9 億澳元（約折合 6.5 億美元），成為澳洲發展趨勢最為迅猛的農產品公司。

上圖為東方現代農業（DFM）在澳交所上市後 8 個月的股價走勢（2015 年 10 月 19 日~2016 年 6 月 17 日）。

（三）柑橘產量居全國第一

從 2016 年種植柑橘的產量來看，東方現代農業已為中國最大的柑橘種植與銷售公司，並超越了澳洲 Costa Group 公司（澳洲最大的公共貿易園藝公司）。

2016 年，東方現代農業業績繼續表現強勁，總利潤超越 2015 年。公司在 2016 年收購了新果園，使得 2016 年的柑橘生產量比 2015 年增幅達 4%，總生產量已達 15 萬噸，穩居全國第一。雖然受 2016 年不穩定的氣候條件影響，公司利潤仍創新高，預計超越 2015 年的 9.34 億元人民幣。

公司於 2016 年實施了一系列收購，包括斥資 4 億元用於購買位於江西省尋烏地區，分別為 4 百公頃（約合 6 千畝）的柑橘種植園以及 8 百公頃（約合 1.2 萬畝）山茶種植園。

（四）總結與點評

作為第一家赴澳上市的中國農業概念股，東方現代農業算是第一個勇於冒險的。這一選擇不僅使其收穫了海外資本市場的支持，也在業績成長上突飛猛進，成為中國最大的柑橘企業，品牌價值迅速提升。

進而，東方現代農業成為中國企業赴澳上市的模範，隨後一年多的時間裡，全國農產品企業掀起了赴澳上市的熱潮。

◆ 四、同業企業上市現狀

在中國，能夠直接上市的農產品企業數量極少，在 A 股的農業板塊中，居前十的大多數農業生產資料企業，如金正大、史坦萊等化肥生產企業。在東方現代農業赴澳上市成功之後，已有十幾家農業企業啟動或制定了赴澳上市的計畫。

已披露赴澳上市計畫的企業如 2015 年 7 月，四川攀枝花俊賢農業開發有限公司與北京展騰投資集團簽署合作協定，啟動赴澳上市計畫；2016 年 3 月，西昌綠洲農業生態科技開發有限責任公司與北京展騰集團舉行赴澳洲主板海外上市簽約儀式；2016 年 10 月，西藏吉祥糧農業發展股份有限公司舉辦赴澳上市原始股權解析會；2017 年 4 月，山東古道農業科技有限公司攜手北京展騰投資集團舉行赴澳上市新聞發布會；2017 年 4 月，廣州潤春農林業有限公司發布赴澳洲上市計畫，等等。

（一）中國乳業有限公司（CDC）

中國乳業有限公司於 2016 年 4 月 8 日在澳交所成功掛牌。中國乳業上市，使其成為中澳自貿協定簽訂之後第一家在澳洲上市的中國乳企，並計畫展開對澳洲乳業企業的兼併。

中國乳業是一家大型生牛奶生產商，位於黑龍江省。奶牛規模超過 2 萬 2 千頭，合作夥伴擁有 1 萬 7 千多頭奶牛，每天擁有著超過 6 百噸生牛奶的總生牛奶生產能力。中國乳業在中國已有 10 年的營運歷史，2011 年公司在美國 OTC 市場上市，股票代碼為「CMCI」。

2016 年登陸澳洲資本市場，為的是進一步提升中國乳業的

核心技術和創新能力，並利用多元化國際資本市場，在發展戰略上實現國際化進程的道路。

（二）青州家家富現代農業（JJF）

中國首家主營綠色有機蔬菜的種植、加工和銷售有機農業企業——山東青州家家富現代農業集團在北京展騰投資集團的支援下，於 2017 年 3 月 9 日在澳洲成功上市。

青州家家富現代農業集團是一家集蔬菜種苗培育，綠色及有機果蔬種植、加工、銷售、農業科技服務、資金互助、農資配送供應、現代化農業觀光、旅遊、採摘於一體的現代化農業發展集團公司，是中國青州市政府重點扶持的綠色農業龍頭企業。此次在澳上市首輪計畫融資逾 5 百萬澳元，主要用於擴張種植基地面積、投資深加工產品項目、開展農產品和紅酒進出口貿易並完善電商平臺銷售網路。

借助此次上市，家家富將推進實現有機農業現代化、規模化、專業化進程，在資本、行銷、管道、品牌等方面，將得到進一步的提升，未來公司業績有望實現加速增長。

CHAPTER 4

亞歐股市，
各有路徑

亞歐國家資本市場

　　海外上市的目的地，對於中國企業來說，在澳洲資本市場的地位凸顯之前，最重要的是香港和美國的資本市場，然後是新加坡交易所，歐洲的幾家交易所（如倫敦 AIM，位於德國法蘭克福的德意志交易所），以及東京交易所和韓國交易所等。雖然除了香港和美國之外的交易所對中國企業的吸引力占比不大，但這些交易所在全球資本市場都有很重要的地位，且其所在國家與中國的經濟聯繫也都很密切，對於擬赴海外上市的中國企業來說，這些仍屬重要的海外上市目的地。例如，隨著中德經濟關係繼續升溫，德國資本市場也將受到更多關注。

　　中國企業應根據自身的特點（例如，主營業務與相應國家交集的大小），以及這些國家的資本市場特點，合理選擇上市的方向。

　　雖然全球各地的資本市場都歡迎中國企業，但仍需強調的是，上市的效果關鍵是看企業的業績。資本市場既給了金子以發

光的機會，也是大浪淘沙的地方。企業在制定上市計畫的同時，持續打造自身的競爭力也不可少。

◆ 一、新加坡交易所

新加坡證券交易所（SGX）的前身為新加坡證券交易所（SES），於 1973 年 5 月成立，是亞洲僅次於東京、香港的第三大交易所，亞洲的主要金融中心之一。1999 年 12 月 1 日，新加坡證券交易所（SES）與新加坡國際金融交易所（SIMEX）合併，成立了目前的新加坡交易所（Singapore exchange，SGX，以下簡稱新交所）。

目前新交所有 2 個主要的交易板，即第一股市（Mainboard，主板）及自動報價股市（The Stock Exchange of Singapore Dealling and Automated Quotation System or SESDAQ）。

當前已有近百家中國企業在新交所上市，除了大量民營企業，也不乏中航油、中遠投資、招商局、中國金屬、越秀投資等大型國有企業的身影。

企業在新加坡上市的流程較快。其中，設立創業公司時間大約為 2~4 周；完成保薦到認購、公開募股最多 27 周；送交新加坡股票交易所（SESDAQ）批准為 2 周。

在新交所主板上市的要求大致可分為以下三套標準：

（1）過去三年的稅前利潤累計 750 萬新幣，每年至少 1 百萬新幣；

（2）過去一至二年的稅前利潤累計 1 千萬新幣；

（3）以上市時的發行價計算，市值達到 8 千萬新元。

在新加坡創業板上市的要求較寬鬆，只要滿足如下條件：①沒有營業紀錄的公司必須證明有能力取得資金，進行專案融資和產品開發，該專案或產品必須已進行充分研發；②公司 15% 股份由至少 5 百名股東持有。

◆ 二、倫敦交易所

目前中國企業在包括英國倫敦和德國法蘭克福在內的歐洲資本市場上市的也有近百家。其中，倫敦證券交易所（London Stock Exchange，LSE）成立於 1773 年，是世界上歷史最悠久的證券交易所。

倫敦證券交易所的特點包括：①上市證券種類最多，除股票外，有政府債券、國有化工業債券、英聯邦及其他外國政府債券，地方政府、公共機構、工商企業發行的債券，其中外國證券占 50% 左右；②擁有數量龐大的投資於國際證券的基金，對於公司而言，在倫敦上市就意味著自身開始同國際金融界建立起重要聯繫；③它運作著四個獨立的交易市場，如多倫多證券交易所、加拿大蒙特利爾交易所、多倫多證券交易所創業板（TSX Venture）以及蒙特婁氣候交易所。

在倫敦上市的公司一般須有三年的經營紀錄，呈報最近三年的總審計帳目。如沒有三年經營紀錄，某些科技產業公司、投資實體、礦產公司以及承擔重大基建項目的公司，只要能滿足倫敦證券交易所《上市細則》中的有關標準，亦可上市。

倫敦是國際化的資本市場,這裡的外國股票交易額始終高於其他市場。外國公司無論是否已在其本土證交所上市,都可在倫敦申請上市發股。申請在倫敦上市的公司,通常須有至少三年的經營紀錄。對希望在倫敦上市存股證 [1](DR)的公司的要求:DR 的市值應至少有 70 萬英鎊,而且通常至少有 25% 的 DR 由與企業無關聯的人士持有。

另外,英國 AIM 市場是倫敦證券交易所於 1995 年 6 月 19 日建立的專門為小規模、新成立和成長型的公司服務的市場,由倫敦證券交易所(LSE)負責監管和營運,是美國那斯達克之後歐洲設立的第一個「二板」性質的股票市場。考慮到中小企業融資的時效性,美國 AIM 市場設計了簡便快捷的上市規則。

一般來說,LSE 被視為倫敦主板,AIM 被視為倫敦創業板。

◆ 三、德意志交易所

德意志交易所位於歐洲中央銀行所在地——德國的金融中心法蘭克福,交易所在包括北京在內的全球 16 個城市設有代表處。德意志交易所和專業的上市合作夥伴(中國專家)建立合作關係,這些機構具有中國和歐洲當地經驗,能夠幫助中國企業在德

---

1 存股證,通常稱為 DR,是在倫敦上市和交易的可交易證券,代表對發行者基礎股票的擁有權。

國上市。

德意志交易所以流通性為主導的業務模式，使得公司上市後能夠低成本融資，股票交易具有卓越的流通性。

德意志交易所適合與歐洲國家有密切經濟關係的中國企業上市。德意志交易所電子交易平臺 Xetra 已獲歐洲 18 個國家及其金融中心的約 250 家參與機構和超過 4 千 5 百名交易員使用。

在德意志交易所上市的好處包括以下幾點：

（1）以快速便捷的上市程序進入資本市場：德交所為上市企業提供三種高效率低成本進行跨境交易及跨交易所上市的途徑。

（2）已在美國上市的企業可以透過美國證券交易協會簽署的文件即可在德意志交易所上市，從而節省時間及成本：對於已經在美國上市交易的證券發行人來說，可以應用在美國已註冊簽署的文件書寫歐盟招股說明書。

（3）在歐盟上市的發行人可享用歐盟通行證及免招股說明書許可制度：股票已在歐盟或者歐洲經濟區監管市場上市的發行人能夠透過更便捷的途徑獲利。

（4）在交易所監管市場快速上市（公開市場）：公開市場適合尋求高效低成本進入國際交易市場的發行人，而非尋求在歐盟監管市場進行證券上市交易的發行人。

中德環保是在德國上市的代表企業之一，其為福建豐泉環保公司透過海外上市構架。2004 年年底，豐泉就有上市的計畫，董事長陳澤峰在考察了香港、新加坡和美國那斯達克等全球幾個主要的資本市場後，最終選擇了德交所。最大的原因是公司所處

行業的要求。歐洲是全球環保技術最領先的地區，已開發國家的環保技術和設備均來自於德國。作為環保企業，在德國上市比在美國或其他地區上市更有利於公司未來的發展，能給公司帶來資金、技術和品牌形象上的支持。

◆ 四、韓國交易所

韓國證券交易所（Korea Stock Exchange，KSE），包括韓國證券交易所（主板）和韓國 KOSDAQ 市場。總交易規模和市價總值現已進入世界 10 強。

1956 年 2 月，大韓證券交易所在首爾建立，1963 年重組，成為政府所有的非盈利公司，並更名為韓國證券交易所。

韓國 KOSDAQ 市場成立於 1996 年 7 月，主要功能是為扶植高新技術產業，特別是中小型風險企業，為這些企業創造一個直接融資的管道。截至 2005 年年底，KOSDAQ 擁有上市企業917 家，市值 7 百億美元，日均交易量達 18 億美元，年換手率875%，其交易活躍度在世界 30 餘家新市場中僅次於那斯達克。

目前，有美國、英國、日本等 60 多個國家的國內外投資者透過多個會員證券公司參與買賣韓國證券交易所上市的股票。

2008 年 4 月，韓國證券交易所北京代表處掛牌。韓交所旨在加強與更多優質中國企業直接溝通，及時傳遞韓交所監管、證券市場等信息，吸納更多中國企業赴韓上市，幫助其籌集資金發展企業成為全球領軍者。而在全球交易所搶灘中國的大背景下，韓交所近一步下調企業上市費用和上市後的維持費用，這些費用

僅為美國、歐洲、日本等交易所的 1/3~1/2。10 年來，韓交所已
成功吸引了眾多中國企業赴韓上市。

◆ 五、東京交易所

日本的大型證券交易所包括：東京證券交易所、大阪證券交
易所（2011 年 11 月 23 日與東京證券交易所合併）、名古屋證
券交易所。其中，東京證券交易所是世界上最大的證券交易中心
之一。其歷史可追溯至 1878 年 5 月創立的東京股票交易所，「二
戰」期間曾暫停交易，1949 年 5 月重開，並更名為東京證券交
易所。

20 世紀 70 年代以來，日本經濟實力大增，為適應日本經濟
結構和經濟發展的國際化需要，日本證券市場的國際化成為必然
趨勢。為此，日本政府自 70 年代以來全面放寬外匯管制，降低
稅率，以鼓勵外國資金進入日本證券市場，使國際資本在東京證
券市場的活動日益頻繁。1988 年，日本政府允許外國資本在東
京進入場外交易；1989 年，又允許外國證券公司進入東京證券
交易所，使東京證券交易所在國際上的地位大大提高。

外國企業申請在東京證交所主板上市的要求如下：公司成立
3 年以上，利潤在申請前兩年達到 1 億日元以上，申請前一年達
到 4 億日元以上，上市時市價總值在 20 億日元以上。而在東京
證交所創業板上市，則要求上市市價總值超 10 億日元。

運通網城：
獅城上市的電商物流第一股

公司名稱：運通網城資產管理有限公司

股票代碼：BWCU

上市地點：新加坡交易所主板

所屬行業：房地產投資信託

成立日期：2011 年 5 月 23 日

註冊資本：5,000 萬元人民幣

註冊地址：杭州市餘杭區

員工人數：1,000 人

董事長：張國標

第一股東：富春控股集團有限公司（41.6%）

上市時間：2016 年 7 月 28 日

募集資金總額：10.7 億新加坡元（簡稱新元）

運通網城資產管理有限公司是一家主要投資中國專業物流與電子商務物流資產的房地產信託，其投資策略是直接或間接投資於能夠產生收益的多元化房地產投資組合及房地產相關資產，這些房地產主要用於電子商務、供應鏈管理和物流。運通網城的發起方是一直以來都十分低調的上海浦東本土民營企業——富春控股集團有限公司。

　　2016 年 7 月 28 日，運通商城在新加坡交易所主板上市。此次境外上市，創下了中國民營企業在新交所主板上市的三個第一：①運通網城開創了中國電商物流資產在新加坡資本市場上市的先河；②運通網城是第一個以房地產信託在新加坡上市的中國民營企業；③其是近年來中國民營企業在新加坡募資規模最大（10.7 億新元）的上市項目。

　　運通網城的成立與上市，是富春控股集團在電商物流領域的深耕之舉，也是其緊跟國家「一帶一路」戰略，拓展海外市場的一個跨越。

　　根據運通網城的招股書，信託上市的起始資產包括崇賢港投資、富恒倉儲和北港物流一期等六個專案，都位於中國浙江杭州，主要用於電子商務和物流服務。這些資產的淨可出租面積（NLA）總計 698,478 平方公尺，估值約 63.57 億元人民幣（相當於 13.03 億新元）。

◆　一、上市背景

　　在運通網城上市的前幾年，中國的電商和物流業正快速發

展，市場在急劇擴張。在互聯網浪潮的衝擊下，傳統物流模式逐步向現代物流體系轉型升級，企業在生產與物流環節上正不斷尋求變革與創新。

此外，向電子商務提供智慧、快速、便捷的物流設施與服務已成為全球經濟的重要方向，將使世界各地主要城市的零售業出現顛覆性轉變，此趨勢目前僅僅是個開始。運通網城是富春控股集團應對這一趨勢的重要舉措。

始於 1992 年，總部位於上海的富春控股集團是一家業務涵蓋電商物流、工業、地產、大健康、金融等五大產業領域的多元化企業集團。作為運通網城的發起方，集團在建築和物流領域有著豐富的營運經驗，在浙江省已獨立投資超過 50 億元，其中就包括了對杭州崇賢港的投資與建設。該項目已被公認為是國家級和省級層面的重點建設專案，規模名列全國前三大內陸港口之中（除去長江流域上的港口）。

在電子商務領域，富春控股集團戰略性地重組工業地產及港口物流的營運，將其轉型升級為電商模式。經過三年的市場開拓，作為菜鳥網路科技有限公司的合夥發起方之一，富春已在電商領域成功地占有一席之地。

為了在競爭激烈的電商物流領域站穩腳跟，富春控股集團選擇將旗下的運通網城上市，以利用資本市場加快海外的戰略布局，包括資產的併購和專案的擴展。

◆ 二、關鍵努力

（一）選擇在電商物流端發力

富春控股集團之所以選擇在電商物流端發力，是注意到了中國電子商務行業持續、高速的擴張以及對高品質、智慧化物流服務的需求。2020 年，中國零售業電子商務市場的規模預計將擴大至 9.4 兆元（約合 1.4 兆美元），而 2016 年為 5.1 兆元（約合 7 千 4 百億美元），複合年增長率高達 16.5%[1]。

為籌備旗下運通網城的成功上市，集團從很早就開始布局其電商物流資產，將電商物流作為轉型升級的重要方向，並把運通網城定義為電商的全產業鏈綜合服務平臺。

2013 年，「中國智慧物流骨幹網」（簡稱 CSN）專案正式啟動，富春控股集團成為阿里巴巴集團旗下「菜鳥網路」的發起者及股東之一，並推出了電商品牌「如意倉」，成為全管道電商倉配營運服務商，全力推進智慧化電商產業園建設。富春控股集團開始謀求向智慧型經濟的轉型升級。

在向電商物流轉型升級的過程中，富春控股集團先後投資、開發了不少經典專案，包括杭州崇賢港金屬物流園、運通網城杭州北園、運通網城杭州南園、張小泉五金科技園、阜陽東方茂等。其中，2015 年同步開園的運通網城杭州北園（崇賢）和杭州南園（富陽）總建築面積達 110 萬平方公尺，北園為目前杭州規模最大、配套最完善的電子商務產業園，這成為運通網城在上市盡調審核時的一大亮點。

在電子商務發展、擴張的過程中，高品質的倉儲空間與智慧

化的物流管理至關重要。如何以最低供應鏈成本、最快的物流速度完成用戶的每一筆訂單，都牽扯到一個極為複雜的倉儲和配送系統。運通網城旗下的專業倉儲資產、實地交付網路和客戶取貨點等，在連接行業生態系統並確保其順暢運作的方面都是不可缺少的。

作為富春控股集團進行電商物流轉型升級的戰略舉措，運通網城在上市前不斷調整、規範其優質資產，凸顯全產業鏈服務平臺的概念，獲得了不少投資者的認同。

（二）選擇在杭州站穩腳跟

富春控股集團董事長張國標是浙江人。近年來，他積極回應浙江省政府「浙商回歸，建設家鄉」的號召，把企業發展重心放回浙江。

為了在浙江站穩腳跟，張國標發動其他在滬浙商集結回鄉投資，並與浙商合作，投資了不少專案。在集結過程中，張國標著重集中要素資源，針對轉型升級中不同專案的需要，揚長避短，集中合作對象的優勢。

浙江杭州被稱為「中國電子商務之都」，其城市發展規畫與集團旗下運通網城的定位布局非常契合。運通網城在浙江杭州共投資、開發、管理了六個電商物流優質資產，分別為兩個港口項目（崇賢港投資和富卓實業）、兩個電子商務產業專案（富恒倉儲和北港物流一期）、一個倉庫項目（崇賢港物流），以及一個

---

1 根據易觀國際資料整理所得。

龐大專業物流項目（恒德物流）。其中，崇賢港是杭州最大的鋼鐵運河港，進入杭州的鋼鐵有 50% 需經過該港口。

這些優質資產配有一支高效、成熟的營運管理團隊對其進行規範管理，同時，運通網城在新加坡組建了一支專業、資深的金融資產管理團隊對其上市初始資產進行管理。在杭州的布局、深耕使運通網城在上市資產審核時突出了其優勢。

（三）選擇在新加坡上市

為配合企業「走出去」、實現國際化的戰略布局，更好地利用海外資產，運通網城選擇了境外上市。放眼全球，新加坡的物流管理水平處於領先地位。世界級的基礎設施、絕佳的全球連通性以及物流與供應鏈管理的先進知識和理念，使得新加坡成為了一個動態蓬勃的多模式聯運中心。在世界銀行的報告中，新加坡被評為一流的物流樞紐，排在亞洲主要經濟體，如日本、香港和中國之前。

新加坡是國際上房地產信託最活躍、最具影響力的交易市場，是以全球資產管理為主、獨具特色的國際金融中心之一。運通網城選擇在獅城（新加坡的別稱）上市，是希望其作為未來區域發展平臺，有效整合多方面資源，包括中國企業的能力資源，新加坡的市場資源、資本資源以及品牌信譽資源。

與香港相比，新加坡有更多尋求穩健收益的投資機構和投資者，服務機構和券商對運通網城的相關業務也比較熟悉。而且新加坡處在東南亞的戰略地理位置、「一帶一路」的沿線，新加坡資本市場對運通網城的吸引力可想而知。

對中國本土企業來說，在境外上市過程中選擇合適的仲介機

構至關重要。經過長時間的調研與對比，集團董事層最終選擇了與新加坡「金融巨頭」星展銀行（DBS）合作。在籌備上市的過程中，星展銀行與其他專業金融機構一起對運通網城的電商物流資產進行了盡調審核。審核後他們一致認為，運通網城未來的成長性很高，最終推動了企業在新加坡的成功上市。

◆ 三、上市成效

運通網城首次公開售股的價格是每信託單位 0.81 新加坡元，共計發行 1 億 8,812 萬個單位，根據其招股書所披露資訊，運通網城透過基石損資者、機構捐資者及公眾損資人認購和銀團融資，共募集資金 10.7 億新加坡元，約合人民幣 52.6 億元。

在截至 2016 年 12 月 31 日的三個月期間，運通網城的業績超出其 IPO 招股說明書的預測。該季總收入 2,470 萬新元，比之前的預測高出 7.5%，淨物業收入為 2,180 萬新元，較預測高出 4.1%。信託預測截至 2017 年 12 月 31 日，其總收入可達 9,050 萬新元，淨物業收入為 8 千 2 百萬新元。

目前，運通網城的市場總值接近 5.9 億新元，股價相比於首次公開募股時的發行價 0.81 新元跌了 6.8%。截至 2017 年 4 月，每股派息 2,454 新加坡分，相當於 7.5% 的年化收益率。

總體來說，運通網城上市後的表現並不算出色，且交投始終不太活躍。一方面，目前市場對於中國經濟前景仍然抱持審慎的態度，過去許多藍籌股的財務醜聞也或多或少地影響了新加坡投資者對中國企業相關股票的信心。另一方面，作為一個中國資產

信託，運通網城房產信託的估值還是離不開中國房地產的走勢。

　　目前，不少投資人將該房地產投資信託視為傳統倉儲業務，少有人關注其作為電子商務生態系統構成部分所具有的理念與經營模式，這也影響了運通網城在股市上的表現。

　　下圖為運通網城在新交所上市以來的股價走勢（資料更新至2017年5月）。

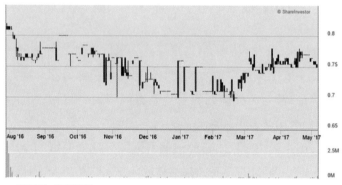

資料來源：新交所官網

◆　四、同業企業上市現狀

　　運通網城是首家在新加坡資本市場上市的中國電商物流資產。2016年7月15日，幾乎與運通網城同時間，中國物流資產（HK 01589）正式在港交所掛牌上市，合計募資33.6億港元，折合人民幣近29億元。

　　中國物流資產從2003年開始開發、營運及管理物流設施，是首批進入物流設施市場的中國企業之一，目前在中國8個省份

及直轄市擁有物流網路及設施，主要集中在環渤海區域、長江三角洲及珠江三角洲。近 3 年來，中國物流資產財務進入高速增長階段，其收入、核心純利、總資產的年複合增長率都超過 80%，最高達 136%。

　　目前，在中國能夠提供優質物流設施的供應商中，中國物流資產名列第三。位居第一的普洛斯為新加坡企業，占據了大約 58.6% 的市場占有率；第二名為嘉民集團，占據 8.2%；第三名便是占據 6.6% 市場占有率的中國物流資產 [2]。

---

2 資料來自戴德梁行。

羅思韋爾：
重塑中企在韓國市場局面

....

公司名稱：江蘇羅思韋爾電氣有限公司（羅思韋爾國際有限公司）

股票代碼：900260：KOSDAQ

上市地點：韓國證券交易所

所屬行業：汽車產品研發

成立日期：2006 年 4 月 27 日

註冊資本：4,000 萬元人民幣

註冊地址：江蘇省揚州市

員工人數：460 人

董事長：周祥東

上市時間：2016 年 6 月 30 日

募集金額：985 億韓元（折合人民幣 5.62 億元）

上市時總市值：3,100 億韓元

江蘇羅思韋爾電器有限公司位於江蘇省揚州市，成立於 2006 年 4 月 27 日，2007 年 12 月建成投產。羅思韋爾是一家專業從事汽車產品研發與銷售的國家級高新技術企業，在蘇州、揚州以及西南地區都有汽車產業的投資。公司為中國 10 餘家知名的商用車和轎車企業提供配套的技術服務，主要客戶包括福田戴姆勒、江鈴、中國重汽（000951）等。

　　目前羅思韋爾專注於透過高新技術推動汽車電子和電器產品的研發、製造與生產，已獲評「省名牌產品」、「省高新技術產品」共 14 項，擁有授權專利 50 餘件。公司的產銷規模在中國汽車工業協會車用電機電器電子委員會於 2014 年發布的《中國汽車電子企業產值排名表》中名列第九，其明星產品「汽車 CAN 匯流排控制系統」在中國細分市場位居第一。

　　2009 年 8 月，羅思韋爾被國家科技部評為「國家級高新技術企業」，2015 年再次獲此殊榮。羅思韋爾的發展歷程可大致分為三個階段：第一階段（2006~2008 年），公司創業初期，集聚資源，建立現代化企業制度；第二階段（2009~2012 年），發輾轉型期，公司轉型升級並切入汽車車身電子領域；第三階段（2013~2017 年），高速成長期，於 2016 年 6 月成功在韓國證券交易所上市，初步具備核心競爭優勢。

　　目前，公司已明確發展方向為「汽車電子控制系統集成技術一級供應商」，重點放在系統集成和汽車技術創新上。

◆ 一、上市背景

在汽車產業高速增長以及汽車中電子配置率不斷提升的雙重推動下，汽車的電子化趨勢愈發明顯。隨著互聯網技術對汽車行業的滲透，汽車的科技感也越來越強，出現了以特斯拉和谷歌無人駕駛汽車為代表的高科技、智慧化產品。

中國是汽車產銷大國，汽車電子行業的市場規模在不斷擴大，汽車電子的滲透率逐年提升。2016 年，中國汽車電子市場規模達到 740.6 億美元，同比增長 12.7%，並且預計這種增長速度還將持續。

汽車電子產業的發展與汽車工業的發展密切相關，已開發國家的汽車製造產業已有上百年歷史，非常成熟，並且在國際上引領著汽車高新技術的進步潮流，尤其在汽車電子領域很有優勢。因此，目前汽車電子產業的核心技術主要掌握在歐、美、日等國家，比如中國等開發中國家所參與的技術很少，在國際競爭中處於劣勢地位。

羅思韋爾公司的主營業務與汽車尖端技術相關，公司在成立不久後便開始關注新能源汽車和智慧汽車的發展，近年來在一些汽車電子高新技術上也有了突破。羅思韋爾的企業戰略是依託目前與整車廠的戰略合作關係，進軍高科技的新能源汽車領域，並在這個戰略之下加速開發純電動汽車的相關新產品。

在境內行業競爭日益激烈、中國企業在國際競爭中不斷追趕的背景下，羅思韋爾選擇在境外上市，希望利用海外資本市場幫助企業更好地「走出去」，加快產品和市場國際化的進程，以及

能夠與國外的科研機構、製造廠商開展深度合作，引進高端技術和專業人才。

◆ 二、上市努力

（一）選擇韓國上市

早在 2010 年，羅思韋爾的高層就提出了「兩年翻倍，五年上市」的企業戰略目標，經公司領導層多次討論、修改上市方案，最終綜合考慮了地理位置、傳統文化以及企業發展規畫等因素，決定在韓國證券市場申請上市。相較於中國的滬深交易所，韓國交易所上市的流程大約需要 15 個月左右，速度更快，這也是羅思韋爾選擇境外上市的原因之一。

確定上市方案後，羅思韋爾從 2013 年正式啟動上市計畫，並於 2014 年成立了羅思韋爾國際有限公司。為了能夠順利地透過韓交所的發行審核，公司先後完成了組織架構的調整、券商的確定、仲介機構的選擇以及研發、製造流程的完善等工作。在基本營運情況達到要求後，羅思韋爾正式向韓交所提出了上市預審申請，又經過了財務資料收集與審計、公司實地考察等環節，於2016 年 1 月正式提交了發行申請。

在韓國上市也並非想像中那麼容易。2011 年，中國某企業在韓國上市後因會計作假被退市，這件事情導致韓國不少投資者對中國企業持謹慎態度，中企在韓國上市的熱情也一度受挫。如何令韓國業界消除對中國企業的不信任，這在羅思韋爾的上市籌備過程中一直是重點。羅思韋爾採取了股東親和政策，這樣的政

策使很多韓國投資人開始對中企重拾信心。

（二）提升研發實力

對於羅思韋爾這類高新技術企業，投資者最為看重的是企業在特定領域尖端科技的硬實力與軟實力。為了提升自身的科技水準，羅思韋爾提出了「做中國最優秀的汽車電子專業製造商」的願景，並以此為目標，加大在自主研發和創新方面的資金投入。

截至 2016 年 6 月，在公司上市前，公司中高端專業技術人才超過百人，這支由高素質的技術人才構成的核心技術團隊，透過不斷摸索與學習實現了關鍵核心技術與主銷產品的創新，並將其投入生產。羅思韋爾還與東南大學、南京理工大學等高校有密切合作，透過產、學、研的結合推動尖端技術的創新，並且與高校相關研究機構共同組建了電子汽車聯合實驗室。

對於像羅思韋爾這種中小規模的汽車企業來說，投入巨大資金到研發過程中是有風險的。所以，中國汽車行業領域的高新尖端技術基本都掌握在大企業的手中，創新型的中小型企業在產業鏈中常常處於被動態勢。於是羅思韋爾很聰明地選擇了攻關潛力巨大但不受重視的 CAN 匯流排（Controller Area Network，是 ISO 國際標準化的串列通信協議，也是國際上應用最為廣泛的現場匯流排之一）核心技術，透過長時間的研發，該技術在行業內處於領先地位，也幫助羅思韋爾取得上下游企業的信任與支持。

羅思韋爾公司的董事長周祥東在汽車電子研發領域享有較高的知名度，他曾帶領科研團隊完成了三項新產品的開發專案，並作為唯一的設計者完成了汽車風暖機、角度傳感器的加速器踏板技術。羅思韋爾在上市過程中重點強調了自身強大的科研團隊和

能力，並由董事長現身說法，得到了投資者的充分信任。

◆ 三、上市成效

　　從公司基本面的營運情況來看，羅思韋爾在上市後，利用融資所得資本積極進行新產品的開發與國際市場的開拓。公司成立了新能源事業部，切入新能源動力電池領域，並且利用海外市場推動與國外汽車電子知名企業開展技術合作。在全球化布局中，羅思韋爾選擇首推印度新興市場，在印度新德里設立了分支機構，然後準備進入俄羅斯和印尼市場，並希望能夠在深耕這些市場之後突破已開發國家，進入德國和韓國市場。這樣的擴張路線符合目前全球汽車行業的發展現狀。

　　2016 年 10 月，羅思韋爾獲評中國汽車行業協會中國汽車電機電器電子分會年度唯一的「最具競爭力獎」，這是對其在汽車電子技術創新的認可與鼓勵。掛牌上市之後，羅思韋爾對今後五年的發展制定了詳盡的「2021」戰略規畫。計畫利用資本市場的力量與自身的努力，到 2021 年，整體銷售額達到 35 億元，新能源汽車領域市場占有率達到 1%，客戶結構中，商用車與乘用車的比例為 1：1。公司還強調在今後的發展中，科技創新與產品創新要並重，規定產品發展與研發的三個方向為環保、新能源、安全、主動安全產品以及智慧車聯網產品。

　　從資本市場來看，羅思韋爾的成功上市在很大程度上改善了2011 年後韓國資本市場對中企不信任的狀況，韓國金融業界與中國企業之間開始建立起更多的合作。羅思韋爾上市兩個月後，

一家中國的玩具企業恆盛集團也順利在韓交所掛牌交易。

公開資料顯示，2015 年，羅思韋爾的資產總額為 5.99 億元人民幣、淨資產為 4,375 萬元、營業收入為 2,056 萬元、淨利潤為 709 萬元。2016 年 6 月上市當天，羅思韋爾股票的開盤價為每股 3,915 韓元（發行價為每股 3 千 2 百韓元），成交金額為 2,311 億韓元。上市後，股價曾小幅上漲一段時間，隨後開始下跌，目前穩定在 2 千 5 百韓元左右，表明投資人對羅思韋爾未來的收入增長開始看低。

目前，全球新能源與智慧汽車的技術中心並不在中國，投資人對國內汽車電子行業整體不算看好。另外，羅思韋爾的研發能力滯後於業務發展速度，開發能力不能得到持續提升，這使得公司的生產製造成為瓶頸，產能和效率得不到有效保證，這些因素也直接影響了投資者對這一高新技術企業未來發展的信心。

羅思韋爾計畫接下來公司將透過技術改善管理效率及品質，並希望到 2021 年公司股價突破 1 萬韓元，從 KOSDAQ 轉板至 KOSPI 主板市場。

◆ 四、同類企業上市現狀

東風汽車集團股份有限公司（HK 00489）的主營業務為商用車、小客車及汽車發動機、零件的生產和銷售。根據中國汽車工業協會的統計，2016 年東風汽車集團擁有中國商用車和小客車 11.3% 的市場占有率。

2005 年 12 月，東風汽車集團股份有限公司正式在香港聯合

交易所主板掛牌上市，於境外發行 H 股，上市後東風集團成為中國汽車行業最大的上市公司。

東風汽車集團的上市模式是在公司進行資產重組的基礎上實現整體上市，也就是說集團以其核心子公司為主體，透過剝離非主業、非營利性資產、回購債轉股股權，將主營業務的相關附屬資產全部注入擬上市公司，實現以東風汽車集團股份有限公司為主體的境外上市。

上市後，東風汽車集團利用市場占有的優勢繼續深耕市場，經營情況良好。2016 年，集團銷售規模連續七年保持行業第二，在銷售收入下降的基礎上，股東利潤同比增長 15.6%。

雖然東風汽車集團的銷量保持領先地位，但是從 2015 年開始，公司發現汽車行業的市場集中度開始呈下降態勢，中國汽車銷量排名前十的企業集團占汽車總銷售量的比重逐年降低。另外，汽車自主品牌開始崛起，合資品牌市場占有率持續下降。這些行業變化對中國中小型企業比如羅思韋爾來說是一個好消息，如果它們能夠抓住機遇加快技術研發和市場布局，企業的發展前景會非常樂觀。

作為中國傳統的汽車企業，與羅思韋爾一樣，東風汽車集團看到了全球以及中國汽車領域的新變化，投入了大量資金進入新能源汽車、智慧互聯、無人駕駛等高新技術領域，積極布局未來生態。東風汽車集團於 2016 年共銷售了 2.4 萬輛純電動汽車，比去年增長了 61%，並利用國家對新能源領域的補貼政策加速集團在相關領域的研發、生產。

漢和食品：
赴英開拓國際市場

公司名稱：煙臺漢和食品有限公司

英文名：Aquatic Foods Group Plc（AFG）

股票代碼：AFG: LN

上市地點：英國倫敦證券交易所 AIM 市場

所屬行業：水產品加工

成立日期：1999 年 11 月 15 日

註冊資本：100 萬美元

註冊地址：山東省煙臺市萊山區

總裁：李先志

員工人數：725 人

上市時間：2015 年 2 月 3 日

上市時市值：7,930 萬英鎊

募集資金：930 萬英鎊

煙臺漢和食品有限公司是一家集生產、加工、銷售為一體的外向型企業，主要產品為加工冷凍海鮮、海藻類食物和海洋休閒食品，包括青花魚、鱈魚、土魠魚、貝柱、牡蠣、竹莢魚和針魚等。此外，公司為定制化的客戶需求提供加工服務。

公司位於山東省煙臺市萊山區盛泉工業園，該園區擁有山東最大的海港，水產行業非常發達。目前，漢和食品具備年產加工 1 萬 6 千噸各種水產品的能力。

珍海堂食品有限公司是漢和食品的子公司，於 2007 年成立。珍海堂主要致力於促進海洋食品的中國市場推廣，以品牌為核心，在全國建立、發展珍海堂品牌連鎖加盟店。目前，珍海堂與全國 16 個省、市及自治區的 48 名獨立經銷商長期合作，與重點客戶保持合作關係，並且在中國如麥德龍等各大超市設立專櫃。

除了供應中國市場，漢和食品的產品還銷往日本、韓國、美國、歐洲等國家和地區。由於多年經營而形成的安全生產程序，漢和食品在海外市場客戶那裡有比較好的供應追蹤紀錄。這些良好的紀錄也使得經銷商和消費者認為漢和食品是高品質的、可靠的，使得公司在中國內外市場的擴張都很順利且迅速。

◆ 一、上市背景

自 20 世紀 80 年代至今，隨著農村和城鎮居民人均可支配收入的增加，中國人均海鮮消費量增長了 6 倍，如今中國已成為全球最大的海鮮消費國，相對應的海鮮產量也逐年提升。在漢和食品上市前的 2014 年，中國海鮮總產量為 3,296.2 萬噸，產量較

上年同期增長 5.01%；出口總量為 285.4 萬噸，同比增長 2.59%。

目前漢和食品 90% 的銷量在中國，面對規模急劇擴張的水產品市場，公司急需資本市場來幫助自己進行擴張，以應對競爭日益激烈的中國行業。此外，漢和食品在成立之初是以出口為主，公司也希望能夠整合中國內、外兩個市場的資源，實現規模擴張和利潤增長。

2015 年 2 月 3 日，漢和食品在英國倫敦證券交易所 AIM 市場掛牌上市，成為英國股票市場上第一支中國水產股。由於漢和本身屬於外向型生產企業，其原材料的捕撈、加工技術、生產與銷售與國外市場息息相關，其上市前後的表現引起了不少投資機構和投資者的關注。

◆ 二、關鍵努力

（一）凸顯產品品質，贏得消費者信任

對於食品行業，尤其是水產行業來說，產品的品質、公司的口碑是消費者最為關注的要素，這也就成為投資者在判斷一家生產公司成長性與前景的重要指標。

調查研究顯示，中國消費者日益相信天然水產品能給他們的身體帶來好處，同時因為中國頻發的食品安全事件，他們對食品的安全品質極其重視，不斷擴大的中產階級已經開始尋找健康、天然的食品。漢和食品成立之初的重點是在海外尤其是日本市場，在發現中國市場的巨大潛力後才將銷售重心逐漸轉移。正是因為這一原因，中國消費者傾向於於認為「能出口的也是安全健

康的」，對漢和食品的產品較為信任。

對中國消費者來說，他們對水產品尤其是高檔海鮮的需求還在持續上升，市場總量遠遠沒有到達飽和狀態。漢和深知面對中國消費者，最重要的就是在目前的基礎上將產品品質概念進一步凸顯與深入，對於國外供應鏈的各個環節，完善的品質監督體系與安全可靠的產品同樣重要。

在水產品行業競爭激烈的時代，漢和始終堅持保持良好的食品安全紀錄，並且加大投入以建立嚴格的品質管制控制體系。在2015 年年初上市前，公司已獲得 ISO 9001 品質管制體系認證、HACCP 食品安全系統規範、MSC 海洋管理委員會認證。

這些品質認證的獲得是漢和食品長期重視產品品質安全和努力的結果，在上市過程中也一直向潛在投資者強調自己是「領先的高品質水產品提供商」的概念，贏得了消費者與投資者信任並幫助企業成功上市。

為了使公司的加工能力能夠滿足日益增長的高端消費需求，贏得消費者的信任，漢和食品加快了新設備的投資與自動化技術的改進，以確保產品品質的提升。2012 年，公司進行了戰略性的調整，專注生產附加值高的高端水產品，目標客戶定位在崛起的中產階級，產品的售價也相應提升。

（二）充足現金流的保證

2011~2013 年間，漢和食品公司的營業額從 2.76 億元增長至 6.67 億元，淨利潤從 3,820 萬元猛增至約 1.19 億元。根據公開資料顯示，漢和食品的銷售增長主要由促銷活動、產品單價調整以及新產品問世促成的。

2014 年，漢和食品的營業額為 8.56 億元，比 2013 年上漲 28%，所有產品種類的平均毛利率為 32%。在扣除上市費用（8 百萬元）後，漢和 2014 年的稅後淨利潤為 1.38 億元。

因為中國內外市場的產品銷售一直非常強勁，漢和食品公司在上市前的現金流非常充足，2014 年公司 EBITDA（稅息折舊及攤銷前利潤）為 1.87 億元（2013 年為 1.58 億元），這給了投資者很大的信心。在市場規模逐漸擴大的行業背景下，擁有良好口碑和成熟營運經驗的漢和食品被認為是一家能夠持續產生股利的生產型企業。

（三）選擇英國上市

漢和食品在中國已經積累起廣大的消費群和良好口碑，截至 2013 年年底，公司 90% 的銷售額在中國市場。為了擴大國外市場，同時迎合中國消費者日益增長的健康意識，提升消費者對漢和食品的信心，公司經多次討論後決定在英國 AIM 板塊上市。

選擇在英國上市，原因如下：一是考慮英國的市場比較成熟、完善，股價也相對穩定；二是作為一個外向型企業，在英國上市有利於日後歐洲市場的開拓與發展，利用資本市場的力量幫助企業對接資源。

在上市前，漢和食品於 2014 年 11 月開始進行了一系列的路演活動。作為第一家在英國上市的中國水產品公司，投資者對漢和食品的關注度比較高，其認購目標也在計畫日期內達到。漢和食品共發行股票 1,322.61 萬股，每股發行價 0.70 英鎊，共募集資金 925.83 萬英鎊。所募資金會用來採購設備、完善產品線，以提高水產品的加工能力，並逐步擴展產品在中國內外的銷售。

為保證在上市後股票的平穩增長，漢和食品還推遲了老股的認購時間。

◆ 三、上市效果

上市後，水產品的消費需求持續呈上升態勢，漢和食品生產設備的加工能力也隨著產量的增加而達到了飽和態勢。公司沒有選擇將產品的生產外包出去，而是透過流程自動化和擴建廠房來提升生產能力。

漢和食品收購了老牌英國批發商 J.Brothers 公司，並成立了一家食品銷售公司，將中國人和英國人對水產品的口味有機結合起來，利用其完善的銷售網路擴大企業在歐洲市場的銷售規模，實現了投資與貿易的互促發展。

例如，漢和食品針對英國人及歐洲人對水產品的消費需求，並結合中國特色的食譜與漢和食品的加工優勢，生產、銷售包括煙燻鮭魚、煙燻鯖魚、春捲、烤鴨等在內的食品。

截至 2015 年，英國有超過一萬家中餐館。但是這些中餐館創新能力不足，發展模式比較單一，大多數難以迎合當地消費市場的特點。漢和食品在英國上市，對這些中餐館來說也是一個轉型、發展的機遇。

◆ 四、同類企業上市現狀

中國水產業中規模較大的企業基本都選擇了在中國 A 股上

市，截至 2017 年 5 月份，總市值排名前三的上市公司分別是壹橋海參、東方海洋和 ST 獐島。

下表為在中國深圳證券交易所上市的水產企業的相關資訊。

證券代碼	證券簡稱	總市值／億元	本益比 PE	淨利潤／百萬元
002069	ST 獐島	65.3	442.85	3.69
002086	東方海洋	75.1	708.81	2.65
002220	天寶股份	48.8	53.44	22.8
002447	壹橋海參	85.7	196.06	10.9
300094	國聯水產	61.0	83.13	18.3
600257	大湖股份	35.8	141.32	6.33
600275	武昌魚	35.8	-127.85	-6.99
600467	好當家	51.1	127.46	10.0

在海外資本市場，漢和食品於 2015 年成為了第一家在英國上市的中國水產企業。在三年前的 2012 年，福建東山海魁水產集團（H8K.F）在德國法蘭克福證券交易所主板掛牌上市，成為中國水產行業在歐盟上市的第一股。

海魁水產與漢和食品有很多相似之處，漢和立足於渤海灣，海魁水產位於福建省南部沿海、東海與南海交匯處的東山縣，兩地水產資源都非常豐富。兩家水產企業的主營業務都是水產品的生產、加工與銷售，也都擁有中國內、外兩個銷售市場。

2012 年 5 月 15 日，海魁水產正式上市，發行股票 27.60 萬股，每股發行價 10.00 歐元，共募集資金 276.00 萬歐元。根據海魁水產的公開數據，上市後公司的利潤表現並不理想，毛利潤

連續兩年（2013 年、2014 年）呈現負增長，並且銷售收入也呈下降趨勢。

與漢和食品相似，海魁水產將收入與盈利能力的下降解釋為市場競爭激烈、原材料價格上漲以及勞務成本上漲等原因。並且制定了相應的調整策略，如為規範匯率風險將銷售重點從國際市場放回中國市場，以及對銷售價格根據市場進行調整等。

資本市場對海魁水產的未來盈利能力持悲觀態度，公司的股價持續下跌。2016 年 2 月 18 日，在資本市場看不到希望的海魁水產正式宣布從法蘭克福證券交易所退市，最後的股價定格在 2.4 歐元，約為發行價的四分之一。

反觀漢和食品，同樣是在海外資本市場上市的第一股，同樣在上市後因為種種原因而表現不佳。漢和食品會不會重走海魁水產的老路，目前還不得而知。

高睿德：
私募基金赴英上市

公司名稱：高睿德（無錫）投資管理有限公司

英文名稱：Grand Group Investment Plc

上市地點：英國倫敦證券交易所 AIM 市場

股票代碼：GIPO: LN

所屬行業：證券基金

成立日期：2014 年 4 月 3 日

註冊資本：24.000 萬元人民幣

註冊地址：Cayman Islands（海外主體）、江蘇無錫（中國主體）

員工人數：未公示

董事長：楊曉

上市時間：2015 年 1 月 27 日

融資總額：716 萬英鎊

上市時市值：2,700 萬英鎊

高睿德（無錫）投資管理有限公司成立於 2014 年，一年後在英國倫敦證券交易所 AIM 市場上市，其上市保薦人和經紀人券商是英國投資銀行 ZAI。

　　高睿德的主營業務是甄別和投資中國境內的高成長性企業，專注於藍領職業技能培訓教育、網路教育、留學培訓、技術產業化、文化休閒產業等領域。據其官網介紹，高睿德的投資以中後期和 Pre IPOs 為主，單個投資專案的規模在 3 千萬元人民幣以上，其投資原則是占股但不控股，對所投項目不僅僅是資金的投資，還有新技術、新產品、新市場的資源投入，全方位、多層次地說明專案方提升自己的市場競爭力。高睿德的主要商業模式是對企業的孵化以及在投資前對管理團隊的指導培訓，給擬投資企業帶來高校機構的技術與智慧財產權等資源。

◆ 一、上市背景

　　改革開放後，中國中小型企業的高速發展給中國的私募股權投資行業（PE）帶來了許多新機會，私募機構如雨後春筍般成長起來。截至 2015 年 4 月，在中國共有超過一萬家從事私募基金的企業，行業的資產規模已達約 2.5 兆元。但在行業迅速擴張的同時，一些私募企業也出現了短視、浮躁的心理。

　　成立於 2014 年的高睿德基金強調自身的投資理念是「在資本注入前後為被投企業提供高附加值的服務（VAS），專注於企業的中後期發展」。也就是說，高睿德認為自己與其他基金的不同之處在於對擬投資和被投資企業的除了資金支援之外的配套服

務體系。

目前在中國，私募基金想要上市是非常困難的。因為中國資本市場的成熟度不高，相比於美國成熟市場來說問題很多，很難容下成熟度同樣不高的 PE 基金行業。從絕對回報率、投資回撤率等穩定性的指標來看，中國私募行業距離國際對沖基金的水準差距還很大，所以中國對於 VC/PE 掛牌的嚴格限制是有其原因的。

但是對於高睿德這類的私募機構來說，掛牌上市的好處有很多，除了能夠借由資本市場把未來的現金流變現，吸引和留住高端人才之外，還能利用上市募集到的資金作為長期核心基金以撬動更多的錢，擴大自己的投資規模，在中國競爭激烈的市場裡站穩腳跟。

在中國嚴苛的條件和上市所帶來的無數好處的驅動下，一些私募基金開始放眼全球資本市場，高睿德便是其中一例。2015年 1 月 27 日，高睿德在倫敦 AIM 市場上市，以每股 0.80 英鎊的價格發行 8,952,631 股新股，籌資總額達 716.21 萬英鎊。

剛成立一年的投資基金高睿德選擇在英國 AIM 市場上市是一個很明智的選擇。倫敦證券交易所被稱為「全球最國際化的交易所」，也是西方首個人民幣結算中心，在此上市的投資基金包括瑞環控股 ARC、太平洋中國地產基金等。

英國 AIM 市場除了對擬上市企業的財務報表（國際標準會計準則）有要求外，基本沒有任何硬性的要求和限制，官方上市標準非常寬鬆。只要是被投資者看好的高成長性企業，以及有保薦人願意保薦，就可以申請上市，而對擬上市企業的成立年限、

所處行業、盈利水準沒有任何要求。相比於中國近乎嚴苛的申請標準，英國 AIM 市場著實是企業上市的好去處。

◆ 二、上市努力

（一）完成兩家企業的投資

自從 2014 年成立後，高睿德一直在為境外上市做準備工作。為了完善公司資產狀況，高睿德的第一筆投資選中了無錫的一家傳媒公司（無錫威克特睿傳媒文化有限公司），以 1.96 億元收購該公司 33.33% 的股份，透過可變利益實體（VIE）的結構直接持股。

該傳媒公司的主營業務是研發、製作冶金行業技能標準的課程軟體和視頻，為技工學校、藍領階級提供冶金行業標準化、高品質的課程軟體，其收入主要來自於相關教育課程與軟體的銷售費用。

中國培訓和教育視頻課程的市場是巨大的，包括了從農村到城市務工的廣大人群。在高睿德投資進入前，無錫威克特睿傳媒文化有限公司正在努力多元化其收益構成，截至 2014 年年底，公司的毛利率超過 90%，淨利潤超過 60%。在高睿德赴英上市前，該傳媒公司的資金流充足，其標準化的高清視頻課程軟體的數量達到 129 個，使用人次超過 20 萬，公司營業額為 1.02 億元，稅後利潤達 5,580 萬元。

在上市過程中，高睿德向外界強調了威克特睿傳媒文化有限公司的現金流與未來發展前景，獲得了投資人的認可。

2015 年，高睿德以 2 千萬元收購了江蘇省無錫市另外一家名為金訊通科技有限公司 15% 的股份。金訊通公司成立於 2010 年，主營業務是向中國職業教育行業提供線上學習和問題解決的方案。金訊通公司的業務是對上述傳媒公司的補充，事實上該傳媒公司也會透過金訊通的網站進行其網路課程軟體的銷售。

在這兩家公司的協助下，高睿德在上市前的財務表現非常出色。其公開年報顯示，2014 年 12 月高睿德的稅前利潤為 2.05 億元，資產負債表中顯示公司淨資產為 4.01 億元。當時不少投資人都很看好這家來自中國的基金。

（二）加強合作，增加智力資本

高睿德成立後，非常重視與高校以及研究機構之間的合作關係，以便在之後的投資項目中發揮智庫的作用。

2014 年 5 月 9 日，成立不久的高睿德與陳嘉庚國際學會（Tan Kah Kee Foundation）簽署了戰略性合作協定。高睿德希望透過陳嘉庚學會與中國內外知名的學術組織與研究機構取得聯繫，服務於所投資及擬投資的企業。

截至上市前，高睿德借由陳嘉庚國際學會旗下的 TTK Society 這一平臺與中國及國際的教育機構建立並保持了良好的聯繫，其中高校包括江南大學、廈門大學、集美大學、加州伯克萊大學、新加坡國立大學、香港大學以及格林威治大學等。高睿德還與江南大學和集美大學建立了全方位的合作關係，並深度參與到高校目前的研究課題中。

◆ 三、上市成效

　　高睿德上市後，實現了人民幣跨境結算、多幣種交易平臺的突破，帶動了中國投資基金國際化。根據公司公開信息，高睿德於 2015 年 10 月份收到了所投公司無錫威克特睿傳媒文化有限公司的現金股利 1,980 萬元，並說明股利主要用於高睿德公司的營運資金以及後期的項目投資。

　　作為私募投資公司，所投項目的表現會直接影響投資人對公司的判斷與信心。高睿德首次公開募股時，每股價格為 0.80 英鎊，隨後一度上漲超過 1 英鎊。

◆ 四、同類別公司上市現狀

（一）太平洋中國地產基金

　　太平洋中國地產基金（Pacific Alliance China Land Ltd）是一家專注於大中華區市場的房地產基金，隸屬於成立於 2002 年的太盟投資集團（Pacific Alliance Group）。目前基金旗下管理的資產總值達 5 億美元，主要用於投資中國二、三線城市（如杭州、蘇州、成都等）的商用和住宅地產。

　　太平洋中國地產於 2007 年 11 月在倫敦證券交易所 AIM 市場公開發行上市，基金透過 1 美元每股的方式發行了 4 億份普通股，籌集總額達 4 億美元。

　　上市後，基金利用所籌資本積極進行地產的相關投資，表現良好，投資年收益率為 21.75%。根據其公開資料，截至 2015 年

年底，公司淨資產為 2.34 億美元，優於市場的基準指數。

（二）揚子基金

揚子基金（Yangtze China Investment）與高睿德、太平洋地產一樣，在英國倫敦證券交易所 AIM 市場掛牌上市（2008 年 5 月 16 日）。

揚子基金是一家由觀瀾湖控股（持有 50.51%）的私募股權基金，IPO 過程中融資總額為 2,450 萬美元，其所籌資金主要用於投資中國消費行業中的高成長性企業，如娛樂、廣告傳媒、零售企業等。

根據揚子基金的上市資料，當時基金所投專案可望到達的收益率高達 75%，平均退出回報為 3.6 倍。上市後，基金表現不如預期，市場關注度也逐年下降。2012 年 11 月，揚子基金正式宣布退市，公開表示的原因是在資本市場交易的成本過高，與公司、投資者所得到的收益不成正比。

結語

◆ A 股大門有多難進

　　當我們談起金融的本質功能——「融資」時，有意或無意間，就淡化了其另外一個本質功能——「分享收益」。融資方向社會公眾融資，並如約、據實地向投資者們分享收益，實現這一過程的場所就是金融市場，例如，股市。為什麼要強調「如約、據實」？因為融資方和投資方之間的關係是一種契約關係，契約的內容除了資金的流通，主要就是投資者權益的界定、風險的告知，以及融資方誠實披露經營資訊、按股權兌現收益的保證。這樣的關係和過程，在金融領域稱之為「守信用」。

　　信用概念在中國的銀行借貸市場已經深入人心，而在資本市場，卻常常被它的孿生力量——「投機」所腐蝕。股市投機之風為何盛行？是信用體系不夠健全，還是市場機制扭曲所致？類似疑問，多年來被社會各界熱議，卻如同「先有雞還是先有蛋」那

般，定論難下。

投機，有來自投資者的，有來自融資者的，以及來自仲介的，迭加在一起，放大了市場風險。而風險，又強化了市場的監管者同時也是市場規則的制定者——政府部門發揮市場干預作用的動力和程度。例如，體現在市場準入審核、市場暫停開放、熔斷機制、違規懲戒等方面。其中最具代表性的就是關係到擬上市企業入場資格的「審核制」。

「審核制」的意義和影響不用再贅述，改革「審核制」的呼聲已經持續了很久。可問題是，有關方面為何對「審核制」的替代機制——「註冊制」慎之又慎？歸根究柢，這是現階段市場機制夠不夠成熟的問題，或者說在深入推進市場化的過程中該倚重什麼手段的問題。在有更可靠的答案之前，有關方面自然就會傾向於繼續沿用並完善現行的市場管理機制。

於是，「註冊制」姍姍來遲，只聽樓梯響，不見制度落地。其後果就是，對於大多數擬上市企業來說，A 股市場的大門仍然難進。這就形成了資本市場入場券的稀少性。而一旦進去了，這種稀少性所導致的高估值，就如同一場場盛宴，可供融資方和仲介們飽享。誰不想成為如此的幸運兒？

但在這一場場資本的盛宴中，大眾投資者的參與度經常不足，甚至有時候處於缺席狀態，而這種缺席不是主動缺席，多屬被動缺席，也就是前面提到的針對公眾投資者的「收益分享」被淡化的問題。其進一步的結果就是投資者的參與動力不足，社會資金更多地被房地產市場和互聯網理財所吸引。於是，一邊是大量企業排隊等待 IPO，一邊是社會資金大量湧動在股市之外。這

也就是大陸證監會劉士余主席「喊話」[1]籲分紅的背景。

市場為何這般不對稱？在本書作者看來，一個真正成熟的金融市場是以社會信用為基石建立起來，參與者普遍遵守市場遊戲規則；而不以信用為基石建立起來的市場，就會充滿太多的不確定性——不管是融資者還是投資者，在這樣的市場裡巡行、覓食，誘惑很大，成本和風險也很高。

對於融資者來說，長時間排隊意味著高昂的時間成本和機會成本，為減少這些成本，擬上市企業往往本能地在申報資料和資訊披露方面帶有一定的選擇性傾向，甚至不惜使用曲筆加以修飾。從現實的情況來看，如果對滬深兩市已上市的公司所公開披露的財務資料進行統計分析，可發現企業上市前後的利潤資料的走勢，存在先揚後抑的微妙變化。這種現象也許在個案上並不具有代表性，但在總體上的呈現，則非常耐人尋味。

既然經常有上市企業在資訊披露方面存在則有未盡的情形，那麼其能否如約進行收益分享，是否也會存在力有不及甚至根本無意？當大眾投資者感受到這種不確定性，他們當中很多人就會對投資望而卻步。在這種情況下，資本市場大門的把控者和監管者，就會更加堅定地繼續在準入審核環節保持審慎。於是，後續更多的擬在 A 股市場實現 IPO 的企業大軍們，所排的隊伍就會越來越長。如此循環往復，雖不能說是無解，但很顯然，以「註冊制」為標誌的市場機制的完全確立、中國資本市場的真正成熟

---

1 2017 年 4 月 8 日，大陸證監會主席劉士余表態，呼籲上市公司重視現金分紅。

等等問題，只能交給未來。2016 年 7 月，在 A 股市場大門外排隊等待 IPO 的企業數量曾達到 8 百多家，形成所謂的「堰塞湖」。較快走完流程實現掛牌的企業也需要兩三年時間，甚至有的企業過會多年仍未獲准發行，如北京中礦環保，於 2012 年 9 月 28 日過會後，至今仍未實現上市。

截至 2017 年 3 月初，A 股排隊繼續呈現「堰塞湖」形勢：中國證監會受理首發企業 665 家，其中已過會 37 家，未過會 628 家。未過會企業中正常待審的 590 家，中止審查 38 家。即便過會，也不是萬事大吉，2016 年共有 269 家企業進入證監會發審會環節，其中包括主板 126 家、中小板 47 家、創業板 96 家，但只有 247 家順利過會，未過的 22 家當中多數被否。按照以往經驗，被否的企業再被重審通過的機率很低。

雖然近兩年新三板風生水起，被很多人認為已經有了踐行「註冊制」的意味，但由於其針對投資者的準入門檻較高，大多數的大眾投資者仍被擋在了門外。因此，對於大多數掛牌企業來說，入場之後很容易出現流動性問題，融資目標的實現並不容易，很多企業最終還得繼續想辦法完成融資。

「註冊制」還很遙遠，A 股市場上市排隊的形勢可用「路漫漫其修遠兮」來形容；而海（境）外資本市場卻是「那邊風景獨好」，僅 2016 年就有 118 家中國企業在境外上市，其中赴香港上市的 108 家，赴美國、澳洲、新加坡等海外市場上市的有 10 家。

雖然在上市公司的數量上仍是 A 股較多，但從募集資金總額來看，則是海（境）外市場融資更多。例如，A 股市場 2016

年新股合計募資 1,498.26 億元，而中國企業赴港 IPO 募集資金合計達 1,553.22 億元人民幣。

赴海（境）外資本市場上市，所帶給融資企業的好處，不只體現在上市進程和成本的透明、可控，還體現在各種國際化的資源和助力上。其中頗引人深思的是，那些成功在海（境）外上市的中國企業，在經歷了相對成熟的資本市場的洗禮之後，它們不只是收穫融資成果，還在經歷風雨之後學會了不少發達資本市場的規則，包括契約精神在內的現代企業精神，贏得了國際資本市場的認可，進而贏得了全球投資者和國際社會的認可，獲得了更大的發展空間。

那麼，對於那些仍徘徊在 A 股市場大門外的企業，它們是繼續排隊，還是另覓路徑？不同的企業有不同的選擇。路徑不是絕對的，適合企業自身的狀況才是最好的。本書所呈現的一些海外上市案例，僅供企業家們在做決策時參考。

境外融資 2：20 家企業上市路徑解讀／高健智作 .-- 初版 .-- 臺北市 : 時報文化, 2018.10

面；　公分 .-- (Big；295)

ISBN 978-957-13-7503-8(平裝)

1. 中小企業管理　2. 融資

494　　　　　　　　　　　　　　　　　　　　　　　　　　　107012041

ISBN 978-957-13-7503-8

Printed in Taiwan.

BIG295

境外融資 2：20 家企業上市路徑解讀

作者　高健智｜責任編輯　謝翠鈺｜校對　李雅蓁｜封面設計　林芷伊｜美術編輯　吳詩婷｜製作總監　蘇清霖｜發行人　趙政岷｜出版者　時報文化出版企業股份有限公司　10803 台北市和平西路三段 240 號 1-7 樓　發行專線—(02)2306-6842　讀者服務專線—0800-231-705・(02)2304-7103　讀者服務傳真—(02)2304-6858　郵撥—19344724 時報文化出版公司　信箱—台北郵政 79-99 信箱　時報悅讀網—http://www.readingtimes.com.tw ｜法律顧問　理律法律事務所　陳長文律師、李念祖律師｜印刷　勤達印刷有限公司｜初版一刷　2018 年 10 月 19 日｜定價　新台幣 400 元｜版權所有　翻印必究（缺頁或破損的書，請寄回更換）